海关"12个必"之国门生物安全关口"必把牢"系列
进出境动植物检疫业务指导丛书

进出境动植物检疫实务

植物繁殖材料篇

总策划◎韩 钢

总主编◎顾忠盈

主 编◎朱朝阳 副主编◎薛 腾 吴锦国

U0223207

中国海关出版社有限公司
中国·北京

图书在版编目（CIP）数据

进出境动植物检疫实务．植物繁殖材料篇／朱朝阳
主编．--北京：中国海关出版社有限公司，2024.6
　ISBN 978－7－5175－0770－3

　Ⅰ.①进…　Ⅱ.①朱…　Ⅲ.①动物检疫—国境检疫—
中国 ②植物检疫—国境检疫—中国　Ⅳ.①S851.34
②S41

中国国家版本馆 CIP 数据核字（2024）第 066053 号

进出境动植物检疫实务：植物繁殖材料篇
JINCHUJING DONGZHIWU JIANYI SHIWU：ZHIWU FANZHI CAILIAO PIAN

总 策 划：韩　钢
主　　编：朱朝阳
责任编辑：李碧鹰　刘　婧
责任印制：王怡莎
出版发行：中国海关出版社有限公司
社　　址：北京市朝阳区东四环南路甲 1 号　　邮政编码：100023
网　　址：www.hgcbs.com.cn
编 辑 部：01065194242-7544（电话）
发 行 部：01065194221/4238/4246/5127（电话）
社办书店：01065195616（电话）
　　　　　https：//weidian.com/？userid＝319526934（网址）
印　　刷：北京联兴盛业印刷股份有限公司　　经　销：新华书店
开　　本：710mm×1000mm　1/16
印　　张：16.75　　　　　　　　　　　　字　　数：283 千字
版　　次：2024 年 6 月第 1 版
印　　次：2024 年 6 月第 1 次印刷
书　　号：ISBN 978－7－5175－0770－3
定　　价：68.00 元

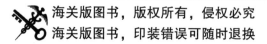

本书编委会

———◇———

总 策 划：韩 钢

总 主 编：顾忠盈

主 编：朱朝阳

副 主 编：薛 腾 吴锦国

编委会成员：段维军 马 健 钱 冽 程 璐 李 鑫
廖 辉 孙志新 边 勇 刘 博 臧 森
梁晓辰

前　言

"一粒种子可以改变一个世界"。种子是最常见的植物繁殖材料，当然，植物繁殖材料还包括苗木、砧木、接穗等可供繁殖的植物全株和部分。植物繁殖材料是最重要、最核心的农业生产资料。人类自从掌握了可供繁殖的种苗、种畜，获得了稳定、可靠的食物来源，就告别了茹毛饮血、食不果腹的狩猎时代，步入了农耕文明社会，开启了走向安定幸福的文明发展之路。

保护好植物繁殖材料对农业的发展至关重要。植物繁殖材料既是病虫害的为害对象，又是传播病虫害的载体。历史上几次病虫害的大规模暴发流行都和植物繁殖材料有着密切关系。19 世纪中叶，由葡萄根瘤蚜引发了葡萄酒历史上一次漫天浩劫，欧洲、美洲、亚洲，所有产区几乎无一幸免，仅法国的葡萄酒产业损失就高达 5000 亿法郎，有大约 250 万公顷的葡萄园完全被毁，许多葡萄酒产区衰落。葡萄根瘤蚜是世界上第一个检疫性有害生物，1881 年为了防范其带来的危害，世界上第一个为防止外来植物有害生物而签订的国际合作协定《葡萄根瘤蚜公约》被签订。据说葡萄根瘤蚜是由英国的一位植物学家在 1858 年从美国带回一株带有根瘤蚜虫的葡萄藤插条而将其传播到欧洲各地。

种传病虫害所导致的损失，不仅是对农作物本身，而且对生态环境和人类健康造成多方面的消极影响，引发生物安全问题。例如伴随粮食贸易，原产于北美洲的豚草，入侵了全球大部分国家（地区），它不仅可以和其他植物竞争营养、产生化学物质抑制其他植物生长，导致农作物减产、生物多样性遭到破坏，更严重的是其花粉可以造成花粉过敏，引发哮喘，严重危害人类健康。根据公开数据，在美国每年因豚草导致健康问题的人高达

1460 万。

进入 21 世纪，尤其是我国加入世界贸易组织（WTO）之后，我国与世界各国（地区）的贸易迅速发展，其中植物繁殖材料的交换流通也日益频繁，国境口岸植物繁殖材料检疫不断截获各种新的疫情，油菜茎基溃疡病菌、番茄褐色皱果病毒、马铃薯斑纹片病菌等各种有害生物不断叩击国门。植物检疫作为重要的技术屏障，对保护我国种业健康发展、保护农业和生态安全、保护人民健康、维护国家长治久安、筑牢口岸检疫防线、守护国门生物安全具有非常重要的作用。

为了更好地指导进出境植物繁殖材料检疫，适应新形势下国门生物安全的需求，本书系统介绍了植物繁殖材料的概念和分类、全球植物繁殖材料贸易的现状和趋势、各国（地区）植物繁殖材料法规体系和检疫要求和工作流程、植物繁殖材料检疫性有害生物和检疫技术，有利于大众深入了解和科学认识进出境植物繁殖材料检疫，对防范外来入侵物种、促进植物繁殖材料资源健康交流起到积极作用。本书编撰过程中得到海关总署动植物检疫司大力支持和悉心指导，许多海关口岸一线从事进出境植物繁殖材料植物检疫工作的同志——大连海关沈延宁、李鑫、韩宗礼、丁明政，上海海关马丁，宁波海关梁定东、顾建锋、梁晓辰、臧森，广州海关佘嘉鑫，深圳海关琚景衡等，积极参与编写和校对，并提供了翔实资料，在此表示由衷感谢！

"人就像种子，要做一粒好种子！"最后，以袁隆平院士朴实的话语共勉！争做好种子，做好进出境植物繁殖材料检疫，为我国现代化种业健康发展作出应有贡献。

编者

2024 年 1 月

CONTENTS
目录

221 附 录

APPENDIXES

第一章
植物繁殖材料概述

CHAPTER 1

第一节
植物繁殖材料的概念及发展史

◇

一、植物繁殖材料的概念

植物繁殖材料的生物学定义以能用于繁殖为内涵。为了维持种群的数量，植物必须通过各种繁殖方式来增加个体，营养生殖中所用到的块根、块茎、鳞茎、球茎、根状茎等营养器官和接穗、插条等，无性生殖中藻类、苔藓、蕨类植物用来繁殖的孢子，以及有性生殖中产生的果实和种子，包括可繁殖的植物全株，都属于植物繁殖材料。

《中华人民共和国进出境动植物检疫法实施条例》（以下简称《动植物检疫法实施条例》）第六十四条中指出，"植物种子、种苗及其他繁殖材料"，是指栽培、野生的可供繁殖的植物全株或者部分，如植株、苗木（含试管苗）、果实、种子、砧木、接穗、插条、叶片、芽体、块根、块茎、鳞茎、球茎、花粉、细胞培养材料等。

《进境植物繁殖材料检疫管理办法》中所指植物繁殖材料是植物种子、种苗及其他繁殖材料的统称，包括栽培、野生的可供繁殖的植物全株或者部分，如植株、苗木（含试管苗）、果实、种子、砧木、接穗、插条、叶片、芽体、块根、块茎、鳞茎、球茎、花粉、细胞培养材料（含转基因植物）等。

植物繁殖材料的生物学定义不考虑是否用于繁殖，《动植物检疫法实施条例》和《进境植物繁殖材料检疫管理办法》中也指出了植物繁殖材料是可供繁殖的植物全株或者部分，而没有明确考虑"种用"和"非种用"的情况。"非种用"繁殖材料是指具有繁殖能力但不用于繁殖的植物材料，如食用、饲用、工业原料、观赏等。这在口岸进境检疫中比较常见，如加工或储备用的粮食，包括大豆、小麦、玉米、高粱等，以及用作加工调味品的黑胡椒、茴香籽等。这些产品"种用"和"非种用"的检疫监管要求不同，在口岸检疫监管中应考虑这两种情况。

二、主要植物繁殖材料发展简史

伴随着水稻、小麦、玉米等植物的驯化，人类首先在中国、西亚和中美洲三个地区从渔猎采集逐步进入原始农业社会，从此以水稻、小麦等为代表的植物繁殖材料登上历史舞台。从最开始提供稳定食物来源的谷物到满足人类多样化饮食需求的水果，再到治愈人类疾病的金鸡纳树等药用植物，繁殖材料与人类共同发展，促进了人口增长和社会稳定，在人类的繁衍发展中发挥了越来越重要的作用。

（一）水稻

水稻（*Oryza sativa* L.）是我国最早被驯化的农作物之一。湖南道县玉蟾岩发现的"玉蟾岩古栽培稻"是最早的古栽培稻壳实物，表明新石器时代早期华南地区已出现栽培稻。

水稻不仅是我国最主要的粮食作物之一，在世界上也被广泛种植。全球水稻种植面积约为 1.45 亿公顷，主要分布于东亚、南亚和东南亚等降水丰富的地区，其次是地中海沿岸各国（地区），还有美国和巴西等地。目前半数以上的世界人口食用稻米，尤其是亚洲人，因此水稻被称为"亚洲的粮食"。

（二）小麦

小麦是我国除了水稻、玉米之外的第三大粮食作物，约一万年前在今土耳其东南部山区被驯化。大约 8000 年前在外高加索到伊朗北部的里海沿岸，栽培的二粒小麦偶然与野生山羊草属的节节麦发生天然杂交最终形成今天栽培最广的普通小麦（*Triticum aestivum* L.）。在我国商代早期，河西走廊的先民开始种植小麦。至明代，小麦已在全国各地种植。

小麦是世界第一大口粮作物，是全球 35%~40% 人口的食物来源。2016 年世界小麦种植面积已达 22010.76 万公顷，约占全球谷物种植面积的 30.7%，远超玉米、水稻、大豆，居世界谷物种植面积之首。

（三）玉米

玉米（*Zea mays* L.）起源于美洲墨西哥、秘鲁和智利沿安第斯山麓的狭长地带。随着 16 世纪世界性航线的辟建，玉米开始在世界范围内传播。

玉米是全球产量最大、用途最广、市场活跃度最高的谷物品种。1960—2018 年，全球玉米种植面积持续增加 80%，单产从每公顷 1.95 吨增长到每公顷 5.92 吨，增量近 9 亿吨。这些玉米主要用作饲料，其工业加工需求也快速增长，2018 年饲用玉米和工业加工玉米分别占全球玉米消费总量的 61.2% 和 26.2%。世界玉米贸易量从 1960 年的 0.27 亿吨增长到 2018 年的近 3.4 亿吨，占全球谷物贸易量的 83%，美国是主要的出口国，亚洲则是主要进口地区。

(四) 葡萄

在现代植物学分类中，葡萄有欧亚种、东亚种与美洲种三大种群。我们日常熟知并食用、栽培的葡萄，大都源自欧亚西部的欧亚种葡萄（*Vitis vinifera*）。欧亚种葡萄约于公元前 6000 年被驯化和栽培于地中海东岸至高加索地区，于公元前 3000 年左右出现在中亚地区，约在公元前 2000 年传入我国新疆。

我国境内没有自然生长的欧亚种葡萄，多为东亚种葡萄，即野葡萄（*Vitis sp.*）。先秦时期，人们已食用野葡萄，但因野葡萄皮厚、味酸、果小，多被用于酿制果酒，食用价值并不高，也未见人工栽培的直接证据。

葡萄是世界四大果树之一，在世界各地被广泛栽培。2018 年葡萄总产量为 7780 万吨，其中酿酒葡萄占 57%，鲜食葡萄占 36%，制干葡萄占 7%。

(五) 猕猴桃

猕猴桃为猕猴桃科（*Actinidiaceae*）猕猴桃属（*Actinidia* Lindl.）多年生落叶藤本植物，是 20 世纪由野生到人工商业化栽培驯化最为成功的果树种类之一，迄今已有 100 余年的栽培历史，在世界果树产业发展中具有重要地位。

我国是猕猴桃的原产地，北起寒温带，南至赤道附近，猕猴桃种质资源极其丰富，但商业化栽培起步较晚，1978 年我国才开始资源普查和新品种改良的工作。

1904 年，一名新西兰女教师从我国宜昌把猕猴桃的种子带回新西兰，经过不断地驯化和改良，猕猴桃已成为新西兰最重要的农产品之一。

(六) 药用植物

药用植物种质资源的传播往往具有重大意义，从金鸡纳树的引种可见一斑。

金鸡纳霜来源于金鸡纳树树皮，又称"奎宁（quinine）"，是防治热病，尤其是疟疾的特效药。金鸡纳树（*Cinchona Calisaya* Wedd.）是茜草科（Rubiaceae）常绿乔木，原产于南美洲安第斯山脉。当地土著居民很早就用金鸡纳树树皮治病，后被耶稣会传教士发现，研究出治疗疟疾的药方后控制了欧洲市场的供给渠道。

1858 年，英国印度事务部与英国皇家植物园（邱园）签订引种协议，金鸡纳树被引种至印度。

三、国际进境植物繁殖材料一般检疫要求

进境植物繁殖材料具有极大的植物疫情传带风险。植物繁殖材料的鲜活特性使得有害生物随进境植物繁殖材料入侵风险非常大，一旦入侵，对农林业生产和生态环境安全影响巨大，严重时会破坏生态环境，造成农林业生产歉收甚至绝收等，危及国家经济安全和稳定。植物繁殖材料相对于其他绝大多数的植物产品来说，携带有害生物的风险大、种类多。植物繁殖材料携带的钻蛀性有害生物和病害隐蔽性极强，现场检疫发现难度大且具有滞后性，需要在输入地进行风险管控。有害生物从入侵、扩散、定殖，到被人们发现并引起关注需要很长时间。有害生物一旦定殖，很难根除，各国（地区）充分利用植物检疫措施是维护农林业生产安全的正当要求，符合 SPS 协议和国际惯例。通过设置严格的限制措施，来促进本国（地区）植物繁殖材料产业。

植物检疫技术水平及技术壁垒设置能力与国家（地区）植物繁殖材料产业发展水平、科技能力和经济实力相关，越是发达国家（地区），越掌握着植物检疫的主动权，如美国、加拿大和欧盟这些植物繁殖材料产业发展较好的国家（地区）。根据主要贸易国家（地区）检疫法规要求，植物繁殖材料法规体系和检疫要求归纳为以下几个方面。

（一）法规保障

绝大部分国家（地区）都通过制定植物检疫法规来提出本国（地区）的植物检疫监管要求，其中包括进境植物繁殖材料检疫监管要求。如欧盟2000 年颁布《关于防止为害植物或植物产品的有害生物传入欧共体并在欧共体境内扩散的保护性措施》（2000/29/EC 指令）。

(二) 遵循标准

各国（地区）植物检疫法规一般都应遵循联合国粮食及农业组织国际植物保护公约（International Plant Protection Convention，IPPC）秘书处发布的国际植物检疫措施标准。目前 IPPC 已颁布 45 个植物检疫措施标准，以便各国（地区）统一做法和标准，推进贸易公正。

(三) 履行公约

出于对濒危物种资源的保护，各国（地区）出口植物繁殖材料都应共同遵守《濒危野生动植物种国际贸易公约》。各国（地区）海关机构按照公约严格管制，保护濒危物种。

(四) 禁止措施

一般各国（地区）都禁止土壤和带土植物入境，部分国家（地区）如欧盟规定出口盆栽植物允许携带维持植物生存所必需的土壤，但不得携带进口国（地区）关注的有害生物。加拿大等国家（地区）允许植物携带栽培介质进口，但对栽培介质种类及其审批程序都设置了非常严格的限制要求。各国（地区）都禁止输入有害生物，尤其是检疫性有害生物。禁止输入植物疫情流行国家（地区）的有关植物、植物产品、装载容器及包装物。根据本国（地区）有害生物发生情况，提出检疫性有害生物名单、禁止输入的植物繁殖材料名单及来自特殊地区关注植物的特殊检疫要求。

(五) 保护产业

各国（地区）根据有害生物发生情况及农林业特色和优势，出于对本国（地区）农林业的保护，从为害影响角度，关注的植物繁殖材料和有害生物种类会有所不同，但从品种上看，玉米等粮食作物、茄科、葫芦科、禾本科等当地经济作物是各国（地区）共同关注的焦点。

(六) 许可制度

多数国家（地区）对管制的植物繁殖材料实施许可证制度，进口商向农林管理部门申请检疫准入，官方进行检疫风险审查，对允许进口植物繁殖材料签发准入许可证。

(七) 准入评估

多数国家（地区）对首次进口的植物繁殖材料实施准入评估制度，首次进口植物繁殖材料进口商可以向农林管理部门申请准入评估，经风险评估后方可准入。在评估过程中一般要求输出国（地区）提供相关评估材料，经过官方协商以议定书形式确定检疫要求。如美国规定，申请进口尚未授权进口的植物、植物部分或植物产品的任何人员可以向动植物检疫局提出申请。在动植物检疫局确定批准申请人的申请后，该商品的出口地植物保护组织必须向动植物检疫局提供 7CFR 319.5（d）列出的信息，经过动植物检疫局的分析和评估后才能作出是否同意进口的决定。

（八）注册登记

随着各国（地区）对进口植物繁殖材料检疫要求越来越严格，越来越多的国家（地区）对出口种植基地及生产经营单位实施准入制度，即要求只有具备注册登记资格的企业才能获准出口。欧盟、美国等发达国家（地区）以及检疫要求高的国家（地区）均提出输出国（地区）注册企业要求。如欧盟对中国输欧红枫要求进行注册登记，未经注册禁止入境；美国规定花卉必须在生产地所在国家（地区）植物保护组织或其代表注册的生产地种植，国家植物保护组织或其代表必须向动植物检疫局提供已注册生产地列表。

（九）官方管控

各国（地区）都推行进口植物产地检疫制度，即植物出口前，出口国（地区）官方根据进口国或地方政府要求实施检疫监管，检疫监管的内容可涉及日常监管、有害生物监测、出口检疫等，只有检疫监管合格的货物才能出口。经双方协商，输入国（地区）官方可以赴产地进行境外检查和境外预检。如欧盟要求中国输欧红枫在即将出口前，货物已接受官方重点在植株根部和茎部对星天牛的严格检查。这项检查应包括具有针对性的破坏性抽样。检查所需的抽样规模应达到一定水平，至少能在99%可信水平中检出1%的侵染水平。

（十）数量限制

为便于溯源和防止有害生物逃逸和侵染，部分国家（地区）对植物繁殖材料包装和数量提出特殊要求。

（十一）货物溯源

进境植物繁殖材料检疫风险高，各国（地区）对进口植物繁殖材料合法来源高度关注，要求货物标签显示出口企业、注册号、货物品种等相关信息。如美国规定使用邮件以外方式进口限制进境种苗到美国时须清楚和正确地在容器外（如果进境物在容器内）或限制进境种苗（如果进境物不在容器内）上标明以下信息：基本属性和数量，原产国或原产地，发货人、货主、运输或转运人姓名和地址，收货人姓名和地址，发货人识别标记和号码，签发书面进境许可证上允许进口数量。

（十二）包装限制

为严格控制土壤和有害生物，欧盟、美国等国家（地区）对植物繁殖材料包装进行了严格限制。美国规定：限制进境种苗进口到或进入美国时不应包装，除非发货前立即包装；这种包装材料不得带有沙、土壤或泥土，而且以前没有作为包装材料或其他用途使用过；对允许的包装材料也进行了限制。这就要求特定植物输往美国不能以盆栽形式，只能以洗根包裹经处理合格的泥炭等包装材料形式，但盆景植物另有规定。

（十三）生产要求

欧盟、美国、澳大利亚等国（地区）对入境植物繁殖材料生产过程高度关注，从控制植物病虫害角度，对输入植物繁殖材料生产提出严格要求。欧盟要求出口植物没有植物碎屑，并且未带有花和果实。

（十四）前置处理

欧盟、美国对特定植物繁殖材料要求出口前实施针对性处理，减少特定危险性有害生物传入风险。如美国规定来自中国的黄杨、福建茶、罗汉松、雀梅和满天星盆景在装船前 3 个月，温室内的植物必须每十天进行一次适当的杀虫剂处理以保持无有害生物状态。要求对进口蒜（*Allium sativum* L.）球茎防范短角象属（*Brachycerus* spp.）和大蒜蠹蛾（拟）[*Dyspessa ulula*（Bkh.）] 实施熏蒸处理。欧盟对亚洲栽培稻（*Oryza sativa* L.）的种子提出热水处理防范水稻干尖线虫要求。

（十五）证书保证

出口国（地区）应对检疫合格的植物繁殖材料出具符合国际标准的官方植物检疫证书。各国（地区）对植物检疫证书的格式和内容都有具体规定。根据输入国（地区）要求进行官方注册、开展产地检查或有害生物监测、实施关注有害生物检疫和针对性处理，并按进口国（地区）官方要求在植物检疫证书中作出相应声明。进口国（地区）对出口国（地区）的植物检疫有效期有明确要求，一般要求出口植物繁殖材料的植物检疫证书签发日期不得超过出口货物发运前21天，否则无效；加拿大、欧盟、中国香港等国家（地区）要求为14天。欧盟、美国等国家（地区）还要求植物检疫证书标注相关植物溯源信息，包括出口企业名称、注册号和生产批号等信息。

（十六）口岸限制

很多国家（地区）实行进境种苗花卉指定口岸入境的管理模式，只有符合要求的口岸才允许进口种苗花卉。如日本、美国等国家（地区）要求从限制港口入境。美国规定：所有需要进境许可证的种苗，如果没有提前批准，则必须从规定的联邦植物检查站进口到或进入美国。

（十七）严格查验

各国（地区）对进口植物都实施口岸检疫和隔离检疫监管，只有经口岸检疫和隔离检疫监管符合要求的植物才能进入正常流转。不符合要求的，进口国（地区）可作出除害、退回或者销毁处理，同时将不合格情况通报出口国（地区）。如美国规定，如果检疫员发现进口切花上有严重的病虫害，且没有消毒和处理方法，则整批花卉将被禁止进入美国；来自指定国家（地区）的限制进境物必须在规定的入境检疫条件下种植并接受检疫人员的监督和隔离检疫，并明确了相关需要隔离检疫的植物种类。

（十八）监管溯源

随着信息技术发展，很多国家（地区）都建立起植物检疫信息管理系统，详细记录货物报关、通关、检疫处理等检疫监管情况，对植物繁殖材料检疫进行全程信息记录。

（十九）动态调整

各国（地区）将根据进口截获情况、国（地区）内外疫情的发生动态，动态调整植物检疫措施，保留采取临时紧急检疫措施的权利。一国（地区）植物检疫要求发生变化时，一般将依据透明度原则，通过官方途径通告相关方。如欧盟颁布的《关于防止为害植物或植物产品的有害生物传入欧共体并在欧共体境内扩散的保护性措施》（2000/29/EC指令）至今已多次修订和补充。

(二十) 国际合作

为了贸易的正常发展，各国（地区）都致力于信息互通机制和磋商机制的建设，进行市场准入谈判、证书信息联网、跨国合作，严厉打击不诚信等违法违规行为。目前海关总署与多个国家（地区）合作进行证书信息交换，在便利贸易的同时杜绝假冒单证。

第二节
植物繁殖材料的分类

———◇———

一、植物分类基础知识

(一) 植物的概念

植物一般是指能进行光合作用、能合成有机物的生物类群，也被称为绿色植物，如水稻、玉米和马铃薯（*Solanum tuberosum* L.）等。极少数类群的植物，其细胞中无叶绿素，不能进行光合作用，需要从其他活的植物体或从其他死去的生物遗体中吸收养分，被称为非绿色植物，如肉苁蓉 [*Cistanche salsa*（C. A. Mey.）Benth. et Hook. f.] 和天麻（*Gastrodia elata* Bl.）等。

传统的植物概念包括藻类、菌类、地衣、苔藓、蕨类和种子植物，现代的植物概念不包括菌类。藻类和地衣因无胚胎构造属于低等植物。苔藓、蕨类、种子植物（包括裸子植物和被子植物）已有胚胎构造，属于高等植物。裸子植物（Gymnospermae）和被子植物（Angiospermae）会开花结籽，用种子繁殖后代，因而被称为种子植物。被子植物因其具有真正的花和真正的果实等特征被称为狭义的有花植物。

(二) 植物分类的等级和命名

物种（species），简称种，是生物分类的基本单位，是指具有一定形态结构、生理生化特征，以及一定自然分布区的生物个体总和。在物种概念的基础上，分类学家构建了各分类等级（rank），也称分类阶元（分类单位、分类群）（taxon），包括界、门（根据植物的花、果实和其他部位的结构以及来自化石和 DNA 分析的证据归并为门）、纲（根据基本差异划分植物）、目（把具有共同祖先的科归并在一起）、科（包括明显有亲缘关系的植物）、属（具有相似特征的近缘种组成的类群）、种（具有相同特征、有时可以互相杂交的植物个体的集合）7 个分类阶元等级。每个等级下还可以有次级单位（sub-），如亚界、亚目、亚科、亚属等。其他还有一些辅助的等级，如目上有超目（superorder），属上科下有族（tribe）。表 1-1 以茶为例说明植物分类的等级。

表 1-1　植物分类等级（以茶为例）

分类的等级		分类举例	
中文名	拉丁学名	中文名	拉丁学名
界	Regnum	植物界	Regnum vegifabile
门	Divisio	种子植物门	Spermatophyta
亚门	Subdivisio	被子植物亚门	Angiospermae
纲	Classis	双子叶植物纲	Dicotyledoneae
目	Ordo	山茶目	Theales
科	Familia	山茶科	Theaceae
属	Genus	山茶属	*Camellia* L.
种	Species	茶	*Camellia sinensis* (L.) O. Kuntze

瑞典植物学家林奈（1707—1778 年）在《自然系统》（*Systema Naturae*）第 10 版中建立了生物命名的双名法。该命名法规定，一切生物的学名（scientific name）均应采用双名法命名，即每个学名由属名、种加词和命名人三部分组成。文种必须采用拉丁文，如果是其他语言，则要给予拉丁化处理，否则命名无效。双名法如同身份证一样，具有唯一性和法规效力，可以避免许多同物异名或异物同名现象发生。

例如，茶的学名是 *Camellia sinensis*（L.）O. Kuntze，其中第一个词"*Camellia*"（山茶属）是属名（genus），第二个词"*sinensis*"（中国产的）是种的加词（称种加词）（species epithet），第三部分"（L.）O. Kuntze"

是种的命名人（authors）。学名书写时，属名首字母大写，且属名和种加词需用斜体，命名人姓氏无须拉丁化，用正体。

《国际植物命名法规》（International Code of Botanical Nomenclature, ICBN）是由国际植物学大会通过，由《国际植物命名法规》委员会根据大会精神拟订的，并在每5年一届的国际植物学会议后加以修订补充。

《国际植物命名法规》是国际植物分类学者命名共同遵循的文献和规章。其中要点举例如下：

1. 每一种植物只有一个合法的拉丁学名。其他名只能作异名或废弃。

2. 每种植物的拉丁学名包括属名和种加词，另加命名人名。

3. 一种植物如已见有2种或2种以上的拉丁学名，应以最早发表的名称（不早于1753年林奈的《植物种志》出版的年代），并且是按《国际植物命名法规》正确命名的，方为合用名称。

4. 一个植物合法有效的科学名，必须有有效发表的拉丁文特征集要。

5. 对于科或科以下各级新类群的发表，必须指明其命名模式，才算有效。如新科应指明模式属，新属应指明模式种，新种应指明模式标本。模式标本是将种（或种以下分类群）的拉丁学名与一个选定的植物标本相联系，作为发表新种的根据。

6. 保留名（nomina conservenda），是不合命名法规的名称，按理应不通行，但由于历史上已习惯或者用久了，经公议可以保留，但这一部分名称数量不大。如科的拉丁词尾有一些并不都是以-aceae结尾，如伞形科（Umbelliferae）或写为Apiaceae，禾本科（Gramineae）也可写为Poaceae。

（三）植物检索表

植物检索表是鉴定植物的工具，编制检索表时常用植物形态比较法，按照划分科、属、种的标准和特征，选用一对明显不同的特征将植物分为两类，如苔藓植物门和蕨类植物门；又从每类中找相对的特征再区分为两类，直至分出科、属、种。

（四）常见的植物学分类系统

植物分类学的起源可远溯到人类接触植物的原始社会，经历了人为分类系统时期、进化论发表前的自然系统时期（1763—1920年）、系统发育分类系统时期（1883年至今）。

恩格勒系统是第一个完整的系统发育分类系统。恩格勒（A. Engler）是德国植物学家，1887—1899 年，恩格勒和普兰特（K. A. E. Prantl）编著《植物自然分科志》，内容包括整个植物界，包括当时所有已知植物属的检索表和描述。《中国植物志》《中国高等植物图鉴》等大多数植物志都按照恩格勒系统排列，后期植物志也是在该系统基础上进行修改，因此该系统在国内外影响巨大，直到现在仍有大量标本馆、植物志、教科书及一般植物类书籍采用。

英国哈钦松（J. Hutchinson）的被子植物分类系统分为双子叶植物系统和单子叶植物系统，分别发表于 1926 年和 1934 年，1948 年、1959 年和 1973 年经过修订。《中国树木志》、《云南植物志》、《广东植物志》、林业相关著作、部分标本馆使用该系统，该系统流行于华南、西南地区。

APG 系统（Angiosperm Phylogeny Group system）又称被子植物 APG 分类法，该系统以亲缘分支法，利用分子生物学手段对被子植物进行分类，颠覆了传统形态分类的基础结构。1998 年，由 29 位国际植物学家组成的"被子植物系统发育研究组"（Angiosperm Phylogeny Group，APG）发表了被子植物演化系统（APG I 系统），目前最新版是 2016 年发表的第四版（APG IV 系统）。APG 系统是目前世界上公认最全面、应用最广的分类系统。

二、植物繁殖材料的种类

（一）种子

根据植物种类的不同，种子可以相应分为粮谷种子、油料种子、蔬菜种子、花卉种子、糖料种子、棉麻种子、林木种子、牧草及草坪种子、烟叶种子等多类。

粮谷种子主要指稻谷、玉米、高粱、大麦、小麦等谷物种子。油料种子主要指大豆、油菜籽、花生、芝麻等。糖料种子主要指甘蔗、甜菜等为制糖工业提供原料的作物种子。棉麻种子主要包括棉花、黄麻等作物的种子。

（二）苗木花卉

苗木花卉通常指供繁殖或栽培用的植物营养体部分，包括整体植株、砧木、接穗、切条、插条、叶片、芽体、试管苗等。

1. 水果类

水果类植物繁殖材料（见图1-1、图1-2）主要包括苹果、梨、葡萄、草莓和一些热带水果，以植株、切条和试管苗的形式进境。

图1-1　草莓（*Fragaria ananassa* **Duch.**）　　图1-2　葡萄（*Vitis vinifera*）

（资料来源：深圳海关）　　　　　　　（资料来源：青岛海关）

2. 观赏植物类

观赏植物类指那些仅供人们日常观赏和绿化城市用的苗木花卉。观赏用的主要包括各类观叶植物、观花植物、仙人掌等多浆植物；绿化苗木包括各类灌木和少量乔木，主要有棠梨、荀子、山楂、海棠、金露梅、李、西洋梨、蔷薇、欧洲花楸、绣线菊、槭树、美洲朴、紫荆、蜡树、皂荚、金莲花、栎树、丁香，以及各类棕榈科植物等，种类极其繁多。

3. 林木类

林木类苗木是指用于防风林带或荒山、原野绿化的木本苗木。主要包括杨、柳、松、柏等。进口量很少，主要以切条和整株形式进口。

（三）鳞球茎及块根（茎）

1. 鳞球茎

以鳞球茎作为繁殖材料的植物主要有百合（*Lilium* spp.）、水仙（*Narcissus tazetta*）、仙客来（*Cyclamen persicum*）、郁金香（*Tulipa gesnerane*）、剑兰（*Gladiolus hybridus*）、风信子（*Hyacinthus orientalis*）、朱顶红（*Hipp-*

eastrum vittatum）、小苍兰（*Freesia refracta*）等花卉。

2. 块根

以块根作为繁殖材料的植物主要有美人蕉（*Indian canna*）、菊花（*Dendranthema morifolium*）、牡丹（*Paeonia suffructicosa*）、大丽花（*Dahlia pinnata* Cav）、花毛茛（*Ranunculus asiaticus*）、仙人掌（*Opuntia dillenii*）、甘薯［*Ipomoea batatas*（Lam.）L.］、木薯（*Manihot esculenta* Crantz）等。

3. 块茎

以块茎作为繁殖材料的植物主要有马铃薯（*Solanum tuberosm*）、马蹄莲（*Zantedeschia aethiopica*）、大岩桐（*Sinningia speciosa*）、赤首乌（*Polygonum multiflorum* Thunb）等。

（四）其他植物繁殖材料

其他植物繁殖材料是指除种子、苗木、鳞球茎、块根、块茎以外的栽培植物、野生植物等繁殖材料。

第三节
常见进境植物繁殖材料

我国有历史记载的植物繁殖材料进口贸易可追溯到秦汉时期，西瓜、番茄等作物均在古代通过西域引进。以往进境植物繁殖材料多用于繁殖，但近十年来，因国内大树移栽的限制和绿化产业的发展，国内对日本、泰国等国家（地区）的景观植物及荷兰等国家（地区）的花卉种球、草种的需求旺盛，进口量大幅增加。

进口种子主要是牧草种子、蔬菜种子、豆类种子、粮谷种子等，主要贸易国家（地区）是美国、加拿大、日本等。进口苗木主要是鳞球茎类、观赏花木、鲜切花等，主要贸易国家（地区）是荷兰、智利、日本等。

（一）种子及块茎

1. 禾本科

禾本科是经济价值最高的植物类群，水稻、玉米、小麦等谷物为人类提供了粮食来源，黑麦草、羊茅等牧草是重要的饲料原料，甘蔗则为全世界提供了大部分的蔗糖。

（1）水稻

学名：*O. sativa*。

分类系统：禾本科（Poaceae）、稻属（*Oryza* L.）。

世界分布：稻属共 22 ~ 24 种，产自亚洲东南部、美洲、大洋洲、非洲。我国有 4 种，其中 2 种为栽培。水稻（*O. sativa*）被广泛栽培，品种极多。

（2）小麦

学名：*T. aestivum* L.。

分类系统：禾本科（Poaceae）、小麦属（*Triticum* L.）。

世界分布：小麦属约有 25 种，是重要的粮食作物，广泛栽培于欧亚大陆、北美。我国有 4 种，均为引种栽培，其中小麦（*T. aestivum* L.）被广泛栽培。

（3）玉米

学名：*Zea mays* L.。

分类系统：禾本科（Poaceae）、玉蜀黍属（*Zea* L.）。

世界分布：全世界温带和热带地区广泛栽培，我国各地均有栽培。玉米籽粒是重要的粮食和饲料加工原料。

（4）黑麦草

学名：*Lolium perenne* L.。

分类系统：禾本科（Poaceae）、黑麦草属（*Lolium* L.）。

世界分布：世界各地普遍栽培的优良牧草。

（5）羊茅

学名：*Festuca ovina* L.。

分类系统：禾本科（Poaceae）、羊茅属（*Festuca*）。

世界分布：分布于欧亚大陆的温带地区，生长在海拔 2200m ~ 4400m 的高山草甸、草原、山坡草地、林下、灌丛及沙地。羊茅是优良的饲料，也可用于草坪种植。

（6）甘蔗

学名：*Saccharum officinarum* L.。

分类系统：禾本科（Poaceae）、甘蔗属（*Saccharum* L.）。

世界分布：广泛分布于热带、亚热带地区，主产区为亚洲。我国原产10种，另引种2种。甘蔗是全世界热带糖料生产地的主要经济作物，我国南方也广泛栽培。

2. 茄科

茄科植物为人类提供了烟草和番茄、辣椒、茄子、马铃薯等常见蔬菜，还有一些观赏植物。

（1）烟草

学名：*Nicotiana tabacum* L.。

分类系统：茄科（Solanaceae）、烟草属（*Nicotiana*）。

世界分布：茄科植物约有102属2460种，广泛分布于温带及热带地区。中国有24属105种。烟草原产于南美洲，叶为卷烟和烟丝的原料。烟草中含烟碱，也称尼古丁（nicotine），有剧毒，全株可作农业杀虫剂。

（2）番茄（西红柿）

学名：*Lycopersicon esculentum*。

分类系统：茄科（Solanaceae）、番茄属（*Lycopersicon*）。

世界分布：番茄原产于秘鲁，世界各地栽培供食用。

（3）辣椒

学名：*Capsicum annum*。

分类系统：茄科（Solanaceae）、辣椒属（*Capsicum*）。

世界分布：原产于南美洲，已有几千年的种植历史，世界各地广泛栽培，是主要果蔬之一。

（4）茄子

学名：*Solanum melongena*。

分类系统：茄科（Solanaceae）、茄属（*Solanum*）。

世界分布：原产于亚洲热带，是我国广泛栽培的蔬菜之一。

（5）马铃薯

学名：*Solanum tuberosum*。

分类系统：茄科（Solanaceae）、茄属（*Solanum*）。

世界分布：原产于热带美洲的山地，现广泛种植于全球温带地区。地下茎块状，富含淀粉，营养丰富，全球广泛栽培。

3. 十字花科

4 枚排成十字形的花瓣是十字花科的显著特征。此科中有很多常见蔬菜，如西兰花、甘蓝、萝卜等。

（1）西兰花（又名绿花菜、青花菜、美国花菜、意大利芥蓝）

学名：*Brassica oleracea* var. *italica*。

分类系统：十字花科（Brassicaceae）、芸薹属（*Brassica*）。

世界分布：原产于欧洲，是甘蓝的一种变种，是具有较高营养价值的一种蔬菜。

（2）萝卜

学名：*Raphanus sativus*。

分类系统：十字花科（Brassicaceae）、萝卜属（*Raphanus*）。

世界分布：世界各地广泛种植，且栽培历史悠久，根部是秋、冬季的主要蔬菜之一。

4. 伞形科

主产于欧亚大陆，广泛分布于温带。伞形科植物以药用而著名，如当归、柴胡，还有蔬菜和香料，如胡萝卜、芹菜、芫荽、茴香等。

（1）胡萝卜

学名：*Daucus carota* var. *sativa*。

分类系统：伞形科（Apiaceae）、胡萝卜属（*Daucus*）。

世界分布：原产于欧亚大陆，世界各地广泛栽培，根部是常见蔬菜，果实可驱虫。

（2）芹菜

学名：*Apium graveolens*。

分类系统：伞形科（Apiaceae）、芹属（*Apium*）。

世界分布：原产于西亚至欧洲、非洲北部，世界各地广泛栽培，是常见蔬菜品种之一。

5. 豆科

豆科是被子植物第三大科，约有 760 属 19500 余种，世界各地广泛分布。豆科不仅有大豆、落花生（花生）等重要经济作物，还有苜蓿等牧草，更有相思树类、黄檀属（*Dalbergia*）等重要树种。

（1）大豆

学名：*Glycine max*。

分类系统：豆科（Fabaceae）、大豆属（*Glycine*）。

世界分布：大豆原产于我国，是重要的油料和蛋白质植物。大豆古称"菽"，也是英文大豆"soy"或"soya"的来源。

（2）紫苜蓿

学名：*Medicago sativa*。

分类系统：豆科（Fabaceae）、苜蓿属（*Medicago*）。

世界分布：紫苜蓿是经济作物，为优良饲料，可作绿肥。

（二）苗木

1. 罗汉松科

有 17 个属，以罗汉松属分布最广、种类最多。

罗汉松学名：*Podocarpus macrophyllus*。

罗汉松分类系统：罗汉松科（Podocarpaceae）、罗汉松属（*Podocarpus*）。

罗汉松世界分布：国内分布于长江流域以南各地。日本、泰国、菲律宾等国家（地区）也有，是园林绿化或观赏植物，因其造型美观、寓意吉祥而深受国内市场欢迎。

2. 棕榈科

典型的热带植物，通常仅具单独一根茎的乔木，顶端生有一丛叶，但也有一些种的茎簇生或分枝，形成灌木或藤本植物。椰子、海枣、油棕都是此科植物。

加拿利海枣学名：*Phoenix canariensis*。

加拿利海枣分类系统：棕榈科（Arecaceae）、海枣属（*Phoenix*）。

加拿利海枣世界分布：原产于非洲北部加那利群岛，是园林绿化或观赏植物。

3. 蔷薇科

主产于温带、亚热带地区，具有很高的商业价值。此科有很多水果，如常见的草莓、苹果、梨、桃、樱桃等，还有月季、玫瑰等花卉。

（1）草莓

学名：*Fragaria ananassa*。

分类系统：蔷薇科（Rosaceae）、草莓属（*Fragaria*）。

世界分布：原产于南美洲，广泛栽培。

（2）苹果

学名：*Malus pumila*。

分类系统：蔷薇科（Rosaceae）、苹果属（*Malus*）。

世界分布：原产于欧洲及亚洲中部，栽培历史悠久，全世界温带地区均有种植。

（3）月季

学名：*Rosa chinensis*。

分类系统：蔷薇科（Rosaceae）、蔷薇属（*Rosa*）。

世界分布：原产于我国，有2000多年的栽培历史，后传入欧洲，被广泛栽培。

4. 葡萄科

主产于热带、亚热带地区，我国南北均产。

葡萄学名：*Vitis vinifera*。

葡萄分类系统：葡萄科（Vitaceae）、葡萄属（*Vitis*）。

葡萄世界分布：攀缘木质藤本，世界四大果树之一，在世界各地广泛栽培。

5. 百合科

百合学名：*Lilium brownii* var. *viridulum*。

百合分类系统：百合科（Liliaceae）、百合属（*Lilium*）。

百合世界分布：百合属植物约115种，分布于北温带。我国55种，南北均有分布，尤以西南和华中居多。百合鳞茎，鳞片肉质，花大，分布于北温带，是进口繁殖材料中的重要品种。

6. 石蒜科

朱顶红学名：*Hippeastrum rutilum*。

朱顶红分类系统：石蒜科（Liliaceae）、朱顶红属（*Hippeastrum*）。

朱顶红世界分布：多年生草本植物，原产于巴西。

7. 芍药科

芍药是多年生草本植物，根粗壮，分枝黑褐色，可药用。

芍药学名：*Paeonia lactiflora*。

芍药分类系统：芍药科（Paeoniaceae）、芍药属（*Paeonia*）。

芍药世界分布：国内分布在东北、华北、陕西及甘肃南部，国外分布在朝鲜、日本、蒙古国及俄罗斯西伯利亚地区。

第二章
植物繁殖材料
国际交流与贸易
CHAPTER 2

第一节
全球植物繁殖材料产业发展概况

◇

一、各国（地区）植物繁殖材料产业发展概况和趋势

（一）美国

美国农业自然资源丰富，生产条件优越，种植业规模化、区域化、专业化、现代化水平高，有著名的玉米、小麦、大豆、棉花等作物生产带，产业集中度高，优势明显，农产品出口贸易量长期位居世界第一，在世界农业及国际农产品市场的地位举足轻重，这与其拥有发达的现代化种业密不可分。

美国种业有 200 多年历史。早在 18 世纪末期，美国第一家经营蔬菜种子的公司在费城成立，1850 年美国有 40 多家种子公司，主要经营蔬菜、花卉和牧草种子。1883 年美国种子贸易协会（ASTA）成立，将种子企业和经销商联系起来，开始关注种子进出口关税、邮寄收费等具体问题，并在其后的 100 多年中不断呼吁美国政府制定相关法规政策，积极推动科技进步，参与开拓国际市场，对促进美国种业发展发挥了重要作用，在世界种业乃至农业发展中发挥着重要作用。

20 世纪初，随着杂交育种成功应用于农作物育种，1926 年华莱士创办了世界第一家杂交玉米种子公司（即先锋公司），一批私营种子企业也应运而生，并陆续由蔬菜、花卉种子拓展到粮油作物。这些种子企业多数是规模较小的家庭经营企业，鲜有育种研究，品种选育主要由公共科研机构、农业大学承担。随着《美国植物专利法》（1930 年）、《美国联邦种子法》（1939 年）、《美国植物品种保护法》（1970 年）等法律的颁布，很多种子公司开始增加育种投资，随之引发了多次企业兼并扩张的热潮。

进入 20 世纪 90 年代以来，美国种业市场不断增值，私营种子公司育种投入持续增加，并超过公共科研机构研发投入。特别是一些农化、制药

跨国企业涉足种业，展开了新一轮整合并购，先后形成了杜邦先锋、孟山都、先正达等一批跨国种业集团，在运作资本、经营规模、研发能力、市场营销等方面积累了雄厚的实力，加速了美国种业市场向几大跨国企业聚集。与此同时，随着美国种业技术进步和发展，美国农作物产量也随之成倍增长。

美国也是全世界苗圃产业最发达的国家（地区）之一，生产技术最先进，品种最多也最新。其中玉米和大豆是美国种植面积最大的农作物，产量均居全球首位，世界排名前十位的种业公司中，美国企业占比较大。其苗木产业主要集中在西海岸一带，如俄勒冈州、华盛顿州、加利福尼亚州，以及东南部的佛罗里达州等，那里土壤肥沃，温带海洋性气候和地中海气候对于苗木产业发展有极大优势。美国的苗圃分工明确，从植物繁殖材料到成品苗都有不同的苗圃在经营。在保证苗木品质的同时，它们在新品种培育、生产管理和科技研发上也走在了前列。

总体来看，一般认为美国植物繁殖材料产业发展主要起步于20世纪初期公共研究人员开发出高产杂交玉米品种。1915年，美国开始实行种子认证计划，种子市场的商业作用日渐扩大。自20世纪30年代开始，私营部门在杂交玉米种子商业市场中的作用日趋扩大。但大多数商业种子供应商都是小型的家族私人企业，缺乏研发资金，所以种子企业的主要工作是繁育和出售在公共领域开发的种子。至于改良植物品种的工作几乎完全由大学、国家农业试验站以及其他公共机构承担。从1930年开始，虽然大多数公司仍专注于生产和出售种子，但也有一些公司制订了内部研究和育种计划，力图改进现有的杂交种。到1944年，美国在玉米种子市场的销售额已超过7000万美元，玉米种子成为美国种子行业的核心业务。到1965年，美国有超过95%的玉米地都种上了杂交种子。从1970年开始，随着《美国植物品种保护法》的颁布，美国种业进入了现代产业时代。《美国植物品种保护法》和修正案以及相关仲裁，通过保护新植物品种专利权等方式，极大激发了私营公司进入种子市场的热情，这也开启了美国种业公司的大兼并时代。纵观整个20世纪70年代，随着大型化工制药跨国公司进入种子行业，多数小型种子公司消失了。《美国植物品种保护法》通过之后，制药、石化和食品跨国集团先后收购了50多家种子公司。这些大型公司拥有研发所需的各种资源。随着收购浪潮的兴起，至20世纪80年代初期，多家公司已经跻身全球种业前列。生物技术的发展帮助企业提升了研发能力，随着农作物生物技术升级后的首批产品开始广泛测试，种子行业结构也经历了进一步转型。一方面，不少公司希望通过并购重组实现规模化发展，以负担生物技术研发所需要的高成本；另一方面，化工企业与种子企业之间由于存在互补关系，也频频携手。一些企业则基于生物技术和遗传学相关研究的应用，朝着"生命科学"综合体方向发展。孟山都、诺华和 AgrEvo 等均通过类似战略行为获得了相当大的市场份额。大型跨国公司进军种业改变了美国种业的面貌，无论是不断扩大的市场、显著提升的销量还是越来越充裕的研发资金，都为美国种业腾飞奠定了坚实的基础。

不过，也有观点认为，大型公司业务板块众多，而商业种子市场规模较小，这意味着种子部门对公司决策的影响较小。同时，种子研发耗时较长，对公司股东没有太大吸引力。而最重要的问题是，有人担忧未来可能出现寡头或垄断格局，这些都将影响美国种业未来的发展。

（二）德国

数据显示，全球种业市场规模在 2011—2018 年保持 7% 的年均增长率，2018 年全球种子市场规模达到 597.1 亿美元。从市场份额上看，拜耳和科迪华两家种企巨头依旧领跑全行业，占到全球种企销售额的 60%。

2018 年 6 月，德国拜耳集团宣布完成对美国孟山都集团的收购，一跃成为全球种子行业领头羊。此后，拜耳在全球种子市场的份额上升至 40%，占全球农药市场份额的 23%。数据显示，2019 年拜耳农业销售额达 215 亿美元，其中种子销售额为 86.45 亿美元，稳居行业榜首。

为满足反垄断部门的相关要求，以实现对孟山都的并购，拜耳集团将旗下原有的种业业务剥离，并出售给德国另一家农化巨头巴斯夫集团。在完成与拜耳的并购后，巴斯夫集团一跃成为全球第四大农化企业。此前，巴斯夫集团的重点业务主要集中在化工特别是石化一体化发展等领域，拜耳向其出售全球蔬菜种子及部分农药业务后，巴斯夫在农化领域的实力大大增强，对全球种子市场产生了深远影响。分析普遍认为，经历了多轮并购潮后，全球种子行业已经完成了"强者更强"的重组，行业龙头地位愈发稳固。

纵观拜耳、巴斯夫等德国大型农化企业的发展，不难发现，其基本都是以化工产品起家，而后在发展农化产品的基础上开发相应的种子产品。

德国种子企业奉行的重要原则之一是以高效创新为业务增长的重要动力。长期以来，德国大型种子企业在研发方面的投入始终保持在一个较高水平。预计至 2028 年，巴斯夫集团将在农业解决方案领域推出 30 余款新产品，每年在该领域的研发投入接近 9 亿欧元。拜耳集团每年在作物事业领域的投入更是超过 20 亿欧元，如此大的研发投入力度在行业内屈指可数。

随着世界进入数字化时代，国际种业巨头也在寻求新的发展路径。"工业 4.0"发源于德国，使德国成为工业领域数字化的领头羊。在农业领域，德国农化企业也将数字化作为未来农化行业，特别是种子行业的重要发展方向。

拜耳集团已经加大在数字化农业领域的投入和研发，如通过搭建气象等农业信息平台、发展智能农机设备、利用人工智能及大数据等新技术为种植者提供全方位服务等，力争推动种子业务与农化业务等深度整合。

巴斯夫集团在收购拜耳部分农化领域资产后正式进军种子行业，并将打造全新的农业种植解决方案作为其未来业务增长的主要方向。巴斯夫将数字化视为未来农业解决方案的重点，通过构建农业大数据平台，推广农业生产应用程序，在精准播种、灾害预测、数字化采收控制等方面对农业资源进行整合，提供高效、高产的农业解决方案。

全球种子行业在完成了"力量"的整合与优化后，开始朝着种业上下游拓展，并对农业全产业链进行纵向渗透。这意味着，未来全球种业集中化、多元化、国际化的趋势仍将持续，大型种子企业的垄断地位依旧稳固，德国种企的领导地位将得以延续。

（三）日本

日本是农业小国，农业产值只占其 GDP 的 1%，但其却是种子大国，其种子不仅能够满足国内使用，还出口到世界 60 多个国家和地区，很多进口到日本的蔬菜、农产品，其实都是日本种子境外种植后返销日本的。

日本国土面积较小，加上人口众多，导致其国内基本没有特大型苗圃，多是专业化、机械化、科技化程度较高的小型苗圃，且主要是以容器育苗为主。

日本最大的粮食品种是稻米。其拥有 560 多个水稻品种，其中仅作主食用的就有 274 种，此外还有酿酒用、饲料用等多种品类。统计显示，日本农地面积的 49.1% 用于生产水稻，其中，绝大部分属于农民自家耕种的小规模农业。日本绝大部分地方都实行了专业育种，经过筛选消毒的种苗质量好，成活率高。

日本的农产品、植物种子分为自有使用的普通品种和受到知识产权保护的注册品种两种类型。其中普通品种占多数，如 84% 的水稻种子、96% 的苹果种子、91% 的葡萄种子、90% 的马铃薯种子都属于普通品种。普通品种主要指祖传品种、未注册品种和已过保护期的注册品种。日本农林水产省的登记目录显示，注册品种主要包括大米、马铃薯、甘薯、大葱、草莓等品种中的特色品种。根据 1991 年生效的植物新品种保护国际公约，新开发注册品种的产权保护期为 20 年，多年生植物的保护期为 25 年。

日本的苹果、葡萄、草莓等品种世界知名。20 世纪 90 年代因其国内法制不健全，一款葡萄品种转售给韩国企业，导致双方竞争激烈。受此影响，日本政府非常重视农业植物繁殖材料的保护与开发。

2018 年 6 月，日本提出促进农林水产业改革及发展智能农林水产业方案，提升相关产业附加值，加强知识产权保护；为防止植物繁殖材料流向海外，日本加强了对植物繁殖材料流通系统的监督管理。

日本连续发生了多起动物、植物种子走私至国外的事件。为此，2020 年 12 月，日本国会通过了《种苗法修正案》，规定种苗开发者在注册时可指定该种苗只许用于国内甚至县市市场，农户或企业使用注册品种时需付费并获得使用许可。

（四）荷兰

荷兰国家种苗管理机构是政府所属部门，隶属荷兰经济部。荷兰设立国家种苗检测检疫中心（荷兰国家无病毒种苗管控中心，Naktuin Bouw，简称 NB），负责检测检疫市场所有种苗的病毒。该中心下设独立无病毒种苗扩繁机构，专业扩繁市场上需要的砧木和品种，供应给各个商业种苗繁育公司。在荷兰国内，所有苗木公司生产的苗木包括材料在内要进入市场，都必须经过相关机构的检测和认证。

高科技是荷兰现代种业的重要特征。荷兰种子公司用于研发的平均投入占总销售额的 14%，高比例研发投入较好地保证了企业科技创新能力的不断提高。研发团队在跨国种业公司中占据主导地位，成为公司核心竞争力的重要来源。

20 世纪 80 年代末期以来，随着生物技术的发展，农作物品种选育经历了传统育种、分子育种、分子突变育种、基因修饰等跨越性发展阶段，扩增片段长度多态性、单核苷酸多态性等分子标记辅助育种技术，以及基因组测序、重测序等先进技术得到了充分利用，为品种的升级换代发挥了巨大作用。科因公司利用自身分析平台的技术优势，结合德国 Lemna Tec 公司的全自动高通量植物 3D 成像系统，研发的 "植物表型组平台 Pheno Fab" 系统，实现了高通量无损伤地鉴定植物各种表型变异，达到了表现型与基因型在育种工作中的有机结合，极大地提高了育种工作效率。瑞克斯旺公司选育经营品种涉及 3 个气候带、25 种蔬菜作物，商业化品种超过 950 多个；安莎公司蔬菜种子涉及各大洲、各气候带，商业化品种超过 900 多个。这两个公司每年开发新品种 150 个，新品种的研发年限为 5~15 年，一般每 6~7 年完成一次品种更新换代，较好地保持了公司持续创新能力和稳步扩大的市场份额。高质量的种子显著提高了种子的附加值和投入产出比，创造了种子企业的高收益。以番茄为例，安莎公司 1 粒番茄种子的市场售价 1 欧元，1 千克种子的市场售价高达 30 万欧元；种植 1 公顷番茄，种子投入 7000 欧元，每年生产番茄 60 万千克，市场价值达到了 120 万欧元。

育繁推一体化是种子企业做大做强的根本途径。"研发"环节，实现了基础研究、品种选育、生物技术、分子技术应用一体化；"繁育"环节，实现了种子生产、加工、储运、质量保证的一体化；"推广"环节，实现了种子销售、出口、售后服务的一体化。高度发达的商业化育种是种子企业持续发展的核心动力。瑞克斯旺、安莎两家跨国种业公司的商业化育种体系具有 "市场化导向、专业化分工、规模化研究、集约化运行" 的基本特征。这一研究体系促进了育种方式由经验育种向科学育种的跨越，优良品种产生由偶然走向必然的跨越。跨国种业公司育种以市场为导向，不仅注重培育产量高、品质好、抗性强、适宜设施栽培的品种，以满足生产者需求，而且注重培育营养价值高和感官享受佳的品种，以满足消费者需求；不仅注重及时掌握并切实满足当前的市场需求，而且注重研究发展趋势，预测 10~20 年后市场需求。

20 世纪 80 年代中后期，美国孟山都等国际种业巨头在生物技术领域的迅速崛起，以及国际种业界兼并与收购浪潮的掀起，对荷兰种业形成了强大冲击和严重威胁，生物技术的高额投入和较高的技术门槛限制，催生了荷兰 3 家蔬菜种子公司、2 家大田种子公司在生物技术研究领域的合作，5 家种子公司各投资 20% 股份，于 1989 年在瓦赫宁根成立了专注于生物技术在育种领域应用的生物种子公司，并设立了合资子公司——科因公司。各股东公司平等地利用科因公司提供的先进技术，及时开发有竞争力的品种，保持了较好的市场竞争力和市场效益。经过多年的发展，科因公司的股东发生了巨大变化，从最初均由荷兰股东组成，发展到现在由国际化股东组成（荷兰安莎、荷兰瑞克斯旺、法国威马和日本坂田 4 家公司各占 25% 股份）。

荷兰经过发展沉淀，形成了现在的国家果树种苗管理和质量检测检验体系，从源头上保证了苗木品种的纯正和彻底脱毒。

荷兰的种苗砧木和品种选育由各个种子公司和研发机构研究和培育。如果市场需要表现良好的新研发砧木和品种，则由种子公司和研发公司申报给荷兰国家种苗检测检疫中心，经过论证认为有价值方可进行脱毒和无病毒检测，然后把无病毒材料交由政府所属扩繁机构负责扩繁，最后供应给商业种苗繁育公司。

商业种苗繁育公司从国家种苗扩繁机构取得无病毒材料（砧木和品种）后，根据市场需求进行繁育，繁育出符合标准的成品种苗后，供应市场果农种植。

荷兰约有 4000 家苗圃，栽培面积约 13000 公顷，年产值 5.8 亿欧元左右，此外还有大约 500 家企业从事苗木产品的出口和批发。最重要的产品类别为观赏型灌木、林木、绿篱、行道树和观赏型针叶树。果蔬、月季和攀缘植物属于较小的产品门类。在荷兰大约有 500 家生产果树苗木的公司。苗木 90% 以上为自根砧嫁接，其余为中间砧嫁接。

荷兰种苗生产社会化分工良好，有专门从事脱毒的机构、专门进行检测认证的机构、专门从事砧木生产的企业、专门从事品种接穗生产的企业、专门进行分枝大苗生产的企业；苗木销售以后，还有专门从事咨询和技术服务的公司以及植保、肥料等专门服务公司。

二、全球植物繁殖材料产业代表企业简介和研究方向

（一）先锋

美国先锋公司成立于 1926 年，是世界 500 强杜邦公司旗下全资子公司，该公司约占据全球种子市场份额的 20%和北美市场的 40%，是被公认的开发与供应先进种质资源的业内领导者，是世界玉米杂交种市场的行业冠军，指导包括中国在内的近 70 个国家（地区）的分支机构生产和销售杂交玉米种。此外，先锋公司还经营其他作物，如向日葵、大豆、苜蓿、油菜、水稻等。在全球，先锋公司通过多种方式来销售本公司的产品，包括设立全资机构、成立合资企业以及指定独家经销商等。近年来，属于先锋公司的生产加工工厂在不同国家（地区）获得国际机构所颁发的 ISO 9000 认证，进一步确保了公司的国际化进程。

（二）拜耳

拜耳作物科学（中国）有限公司于 2000 年在杭州成立。发展至今，拜耳作物科学在中国已拥有 8 个研究农场，并在 22 个省设有办事处。

拜耳作物科学（中国）有限公司（前身为罗纳普朗克杭州作物科学有限公司、安万特杭州作物科学有限公司）位于杭州经济技术开发区，主要从事氟虫腈、乙虫腈等原药生产，多种杀虫剂、除草剂、杀菌剂等制剂生产；开发和销售高效、低毒、低残留的杀虫剂、杀菌剂、除草剂和种子处理剂。

拜耳作物科学（中国）有限公司以开发与生产高效、安全农药新品种和高性能的新剂型农药见长，符合国家鼓励类外商投资产业目录要求。在杭州经济技术开发区运营的 20 多年中，以重视安全生产、节能降耗、环保排放著称，是开发区化工类生产企业的优秀典范。

拜耳作物科学（中国）有限公司是拜耳集团的子公司，是一家全球领先的创新型作物科学公司，致力于植物保护、种子处理、绿色生态科技和非农业虫害治理。拜耳作物科学（中国）有限公司的产品覆盖面非常广，同时提供配套服务来支持现代化可持续发展的农业和非农业应用技术。

（三）先正达

先正达是瑞士先正达公司（Syngenta）的品牌，总部设在瑞士巴塞尔，

现已被中国公司收购。先正达是世界领先的农业科技公司，全球 500 强企业、世界第一大植保公司、第三大种子公司，致力于通过创新的科研技术为可持续农业发展作出贡献。公司在全球植物保护领域名列前茅，并在高价值商业种子领域排名第三。公司 2007 年的全球销售额约 92 亿美元。

先正达的领先技术涉及多个领域，包括基因组、生物信息、作物转化、合成化学、分子毒理学，以及环境科学、高通量筛选、标记辅助育种和先进的制剂加工技术。作为全球领先的以研发为基础的农业科技企业，先正达与全球 400 多家大学、研究机构和私人企业开展广泛的合作。

先正达拥有行业内最广泛的产品组合，包括水稻、玉米、大豆、谷物、大田作物、特种作物、蔬菜、甘蔗八大核心作物。

先正达的种子业务位居全球前列，具有坚实的研发实力和商业价值。先正达在中国的高附加值种子主要涵盖蔬菜种子及大田作物种子两大类，业务覆盖种子的研发、生产、加工、质检及销售等全过程。在国内主要推广的玉米品种有先正达 408 等。

第二节
我国植物繁殖材料产业发展概况

一、我国现代种业从蹒跚起步到种业大国

粮安天下，种筑基石。种业处于农业整个产业链的源头，是农业的"芯片"，是保障国家粮食安全的战略核心。国家对种业发展非常重视，习近平总书记多次指出，中国人的饭碗任何时候都要牢牢端在自己手中，我们的饭碗应该主要装中国粮。2021 年《中共中央 国务院关于全面推进乡村振兴加快农业农村现代化的意见》强调要打好种业翻身仗，"农业现代化，种子是基础"。我国种业经过多年发展取得了长足进步。农业农村部表示，我国人均粮食占有量已经超过 470 千克，远远超出国际公认的粮食安全线 70 千克，我国人口多、耕地少，从几十年前"吃不饱"的状态到

今天的成绩殊为不易，其中良种起到了关键作用。据统计，良种对粮食增产、畜牧业发展的贡献率分别为45%和40%。我国主要农作物良种基本实现全覆盖，自主选育的品种种植面积占到95%以上，水稻、小麦两大口粮作物品种100%实现了完全自给，做到了"中国粮主要用中国种"；各类种源品质及良种自给率不断提升，保证了粮食等重要农产品连年丰收和重要农副产品的稳定生产。2016—2019年，我国粮食产量保持逐年增收；2020年，粮食作物播种面积上升较快，粮食总产量比2019年增加565.20万吨；我国稻谷、小麦、玉米单产均稳步上升（2018年小麦、玉米，2020年稻谷单产有所下降，原因分别是当年华北六大粮食主产区均遭受不同程度的自然灾害，南方水稻产区局部遭受洪涝灾害），无不得益于良种的推广和种植。从国内种业外贸总体依存度来看，国外种企进入我国后，经过多年的深耕经营，占我国3%的市场份额，全国用种量的0.1%为进口。总体而言，我国能保障自身农业用种安全，风险可控。

国家为种业发展做了顶层设计，先后出台了一系列政策鼓励种业创新并深化种业体制改革，为种业创新发展提供了良好的支撑环境。2011年印了《国务院关于加快推进现代农作物种业发展的意见》，2012年印发了《全国现代农作物种业发展规划（2012—2020年）》。另外，我国先后启动了863计划、国家科技支撑计划、现代种子工程、良种攻关计划等国家种业振兴相关科技项目，为种业发展提供支撑，取得了一系列的成果。

对中国种业来说，"十四五"时期，要把科技自立自强摆在突出位置，在保护资源、自主创新、做强企业、建好基地上下功夫，打好种业翻身仗。中国的种子安全也面临"卡脖子"的问题：依赖进口，尤其是高品质的种子。据统计，在高端蔬菜领域，外国公司控制了50%以上的种子市场。辣椒、马铃薯、西兰花、胡萝卜等品种，基本依赖美国、日本、德国、荷兰等国（地区）的种子公司。

二、我国植物繁殖材料行业代表企业

（一）隆平高科

袁隆平农业高科技股份有限公司（简称"隆平高科"）于1999年成立，2000年上市，是一家以"杂交水稻之父"袁隆平院士的名字命名并由袁隆平院士担任名誉董事长的高科技现代化种业集团，第一大股东为中信集团。

该公司是国内领先的"育繁推一体化"种业企业。主营业务涵盖种业运营和农业服务两大体系，其中杂交水稻种子业务全球领先，玉米、辣椒、黄瓜、谷子、食葵种子业务国内领先。

强大的研发能力是支撑公司持续发展的核心竞争力。该公司构建了国内领先的商业化育种体系和测试体系，组建了国际先进的生物技术平台，主要农作物种子的研发创新能力居国内领先水平。公司连续多年保持高强度的科研投入，研发投入占营业收入比例稳定在10%左右。

公司坚定推进国际化战略。在印度、菲律宾等国家（地区），水稻品种研发已经进入成果集中产出阶段，育成品种在当地市场具备明显竞争力；在南美市场，玉米品种主打高端、中高端市场，具备较强的竞争力，市场份额在巴西位居前三。未来，海外杂交水稻业务、玉米业务有望成为公司新的业务和利润增长点。

（二）登海种业

山东登海种业股份有限公司是农业类高科技企业，2005年4月登陆中小企业板。登海种业主要从事农作物新品种选育，许可证规定经营范围内的农作物种子生产、分装、销售；农业新技术开发及成果转让、技术推广、技术咨询、培训服务；依法批准经营的进出口业务活动。公司的主要产品包括玉米杂交种、蔬菜杂交种、花卉种苗和小麦种，公司的利润95%以上来源于玉米杂交种，公司主推的玉米杂交种为登海605、登海618、先玉335、良玉99。

从全球化的视野来看，我国种子企业的发展起步较晚，国际市场竞争力整体相对较低。登海种业积极开展国际合作，在全球范围内寻求优质资源进行整合配置。2002年登海种业与美国先锋公司开展合作，共同出资组建山东登海先锋种业有限公司，登海种业持有51%的股权，杜邦先锋投资有限公司持有49%的股权。

第三节
全球植物繁殖材料交流与贸易情况

◇

一、全球植物繁殖材料交流与贸易概况

作物种业作为种业"芯片"之一，是保障国家粮食安全、把饭碗牢牢端在自己手中的根本之基。面对作物种业发展的蓬勃趋势与复杂环境，全面了解全球作物种业发展概况，深入分析全球作物种业竞争格局，对制定我国种业发展战略、推进生物育种关键技术突破、前瞻性规划种业的产业布局具有积极意义。

对标美国、荷兰、德国、法国、澳大利亚、英国、加拿大、日本、巴西等种业强国，以贸易竞争力指数、企业竞争力指数、产业规模指数为评价指标，从市场和产业主体两方面对国际种业产业竞争力进行分析评价，我国种业产业竞争力排在美国、荷兰、法国、德国等世界种业强国之后，整体处于中等水平。

根据国际种子联盟（International seed Federation，ISF）的统计，1970年以来，世界种子贸易大约分为两个阶段。1970—1985 年为低速增长阶段，世界种子贸易额从约 8 亿美元增长至 13.5 亿美元；1985 年以后为高速增长阶段，2000 年世界种子贸易额迅速增长至 35 亿美元。2000 年以来，商品种子出口额居于前 10 位的国家依次是美国、荷兰、法国、丹麦、德国、智利、加拿大、比利时、意大利、日本，其种子出口额占全球种子出口总额的比重高达 82%。全球出口的商品种子主要是农作物种子，其中玉米的出口额最高，位于第 2 位的是园艺种子。

1985 年以后，世界种业 10 强的经营业务不断拓展，市场占有率逐步提高。20 世纪 90 年代中后期，实力雄厚的财团开始与种子公司互为兼并，在世界范围内掀起了并购潮。

我国种业企业只占有世界种子市场为数不多的份额。绝大部分种子企

业是小规模生产、粗放型经营、育繁推脱节，企业竞争力不强。从目前来看，我国种业 10 强的企业规模及市场销售额之和还不及世界种业 10 强之一。跨国种业巨头利用资金、技术和经营优势，在中国种子市场发展较快，国际资本、种业巨头深度进入国内市场是大势所趋，市场占有率会进一步提高。业界人士应该站在对国内外种子科学及产业发展安全的基础上，注重从国际角度、宏观和战略层面思考问题，探索中国种子企业的可持续发展之路。

联合国商品贸易统计数据库（UN Comtrade Database）数据统计，2019 年全球种子出口总额为 131.95 亿美元。种子出口额排前 3 位的国家分别是荷兰、美国、法国，出口额合计为 62.95 亿美元，约占 2019 年全球种子出口总额的 47.71%。2019 年，我国种子出口额为 2.07 亿美元，约占全球出口总额的 1.57%，排名第 11 位；出口额排在前 3 位的是蔬菜种子（1.16 亿美元）、水稻种子（0.63 亿美元）、草本花卉种子（0.17 亿美元）（见表 2-1）。

表 2-1 2019 年全球种子出口额前 11 位国家

排名	国家	出口量/亿吨	出口额/亿美元
1	荷兰	10.97	27.54
2	美国	21.50	20.02
3	法国	8.70	15.39
4	德国	2.28	6.66
5	丹麦	1.82	4.96
6	匈牙利	2.55	3.63
7	意大利	0.83	3.43
8	印度	3.64	2.89
9	智利	0.32	2.81
10	比利时	3.85	2.57
11	中国	0.24	2.07

2019 年全球种子进口总额为 146.57 亿美元。荷兰排名第 1 位，种子进口额为 10.94 亿美元，约占全球进口总额的 7.46%。我国种子进口额为

4.43 亿美元，约占全球进口总额的 3.02%，排名第 11 位；进口额排在前 3 位的是蔬菜种子（2.24 亿美元）、黑麦草种子（0.47 亿美元）、草本花卉植物种子（0.39 亿美元）；我国属于种子贸易逆差国，逆差额为 2.36 亿美元。

通过进出口数据对比发现，荷兰、美国、法国、德国、意大利、比利时等既是种子出口大国，也是种子进口大国，贸易活跃、市场开放度高（见表 2-2）。

表 2-2　2019 年全球种子进口额前 11 位国家

排名	国家	进口量/亿吨	进口额/亿美元
1	荷兰	8.01	10.94
2	巴基斯坦	21.00	9.21
3	美国	5.59	8.78
4	德国	3.21	7.39
5	法国	1.90	6.86
6	意大利	7.09	6.06
7	尼日利亚	2.85	5.96
8	马来西亚	22.74	5.93
9	比利时	17.34	5.74
10	西班牙	3.67	5.62
11	中国	0.94	4.43

二、主要国家（地区）植物繁殖材料贸易情况

（一）美国

美国在建国之前，最早进行交易的种子是牧草、蔬菜和花卉种子。在 19 世纪初叶，三叶草和梯牧草就已成为出口商品，当时的纽约、费城、巴尔的摩和波士顿已成为主要的牧草种子市场。

经过 200 多年的发展，美国种业已在世界种子市场占有举足轻重的地位。美国年种子贸易额大约为 57 亿美元，约占全世界种子贸易总额的 10%。

美国是世界种业第一大市场。据国际种子联盟统计，全美种子市场价值 120 亿美元，占全球种子市场价值（420 亿美元）的 29%，位居世界第一。美国种子市场主要覆盖玉米、大豆、棉花、蔬菜等作物。美国转基因作物种子快速发展，90% 以上的大豆、85% 以上的玉米和棉花都是转基因种子，但小麦、马铃薯、水稻等作物转基因种子尚未释放。商品种子基因专利技术费占种子市值的 30%～60%。以玉米种子为例，每袋（8 万粒）种子的售价为 100～350 美元不等，售价 350 美元的种子基因专利费（含 8 种专利抗性基因）为 200 美元，约占种子价格的 57%（普通种子的基因专利费也在 30% 以上）。可见，美国种业市场增值主要源于基因等专利技术的应用。

（二）荷兰

荷兰是世界上最大的植物种子种苗出口国。荷兰约有 350 家种子公司，植物种子种苗年销售额超过 25 亿欧元，占全球出口总额的 25%，占欧洲植物种子种苗出口总额的 47%。其中，园艺作物种子出口额近 7.5 亿欧元，位居第 1 位。全球 75% 的马铃薯种薯国际贸易来自荷兰的种子公司。欧洲市场 55% 蔬菜、50% 园艺作物、40% 马铃薯的种子种苗均来自荷兰。

荷兰在国际蔬菜种业界具有举足轻重的地位。全球十大蔬菜种子公司中有 3 家源自荷兰，即瑞克斯旺公司、安莎公司、比久公司，有若干家企业通过收购荷兰本土企业而把重要的分公司设在荷兰，如美国孟山都公司、瑞士先正达公司、德国拜耳公司、法国利马格兰公司等。同时，荷兰蔬菜种子出口额居全球各国（地区）蔬菜种子出口额之首，充分说明了荷兰在蔬菜种业界的重要地位。

在农作物种业领域，荷兰是与中国开展合作较早的欧洲国家之一。跨国种业公司以蔬菜和花卉种子为突破口，采取合资、建立办事处或实验站等方式进入中国种子市场，2000 年《中华人民共和国种子法》颁布实施后，荷兰瑞克斯旺、安莎等跨国种子企业进入中国种业市场的步伐明显加快。

第四节
我国与主要国家（地区）植物繁殖材料
产业合作与交流

一、国际合作情况

2009 年以来，中国农业科学院蔬菜花卉研究所、北京市农林科学院蔬菜研究中心、天津黄瓜研究所、深圳华大基因研究院、北京师范大学、中国农业大学和上海交通大学等国内科研院所，与荷兰绿色遗传研究所、瑞克斯旺公司、尼克森斯旺公司、欧洲龙井公司、纽内姆公司和瓦赫宁根大学等科研院所、种子公司开展了黄瓜、生菜、大白菜、马铃薯等蔬菜作物基因组测序，番茄基因组重测序等方面的研究与应用合作。

我国是世界上最大的农业生产国，也是用种大国，据初步统计，我国种业市场价值已达 600 亿元人民币，是仅次于美国的世界第二大种子市场，潜在市场价值将达 900 亿元人民币。跨国种业公司看到了巨大的发展空间，有进一步加大中国种业市场投资力度的规划。

二、我国植物繁殖材料进出口概况

长期以来，我国水稻、小麦等主粮种子国产化率非常高。但蔬菜、玉米、马铃薯等作物中，有部分高端高产品种，相对较多依赖进口种子。我国种子进口市场比较稳定，种子进口市场集中化程度高。

根据中国向世界种子年会所提交的种子进出口报告（Planting Seed Annual 2004—2011，People Republic of China's Grain Report）中的相关数据，中国的农产品进出口贸易整体呈现逆差，种子的进出口也存在相同情况。

中国种子对外贸易规模较小。与其他农产品相比，中国种子的进出口贸易表现出较快的增长。虽然中国种子对外贸易的速度增长很快，但是从绝对量看，总体规模依然偏小。按国际种子联盟的划分方法，种子可分为大田作物、蔬菜种子与本草花卉种子三类，中国进出口总额占比均不是很高。因此，无论是从世界范围，还是从国内市场的角度看，中国种子对外贸易规模都有待提高。

中国种子国际竞争力不强。中国在水稻、大豆、花生、棉花等种子上具有较强的国际竞争力，但是总体竞争力一直低于国际平均水平。中国在向日葵、甜菜、牧草等种子上缺乏国际竞争力，对进口的依赖性很强。2009 年以后，中国瓜果和蔬菜种子的国际竞争力呈现下降趋势，出口量也在逐年降低。由于中国东部良种繁育基地仍以出口导向型为主，化肥、农药以及人力成本的不断上升，拉动种子价格上涨，是出口量出现下降的最主要原因。

中国种子对外贸易结构较为单一，参与对外贸易的种子品种十分有限，而且进出口排名前三位的蔬菜、向日葵和牧草作物种子占据了贸易总额的绝大部分。而美国作为全球最多样化的种子市场，有超过 60000 种的植物种子参与到全球的种子贸易中。

美国作为世界种子强国，也是中国最大的种子进口国，在中国的种子对外贸易中占据半壁江山。特别是在牧草、向日葵和瓜果种子的进口贸易上，美国占有很高的份额。

根据海关总署数据，2014—2019 年中国农作物种子进出口贸易情况如图 2-1 所示，其中 2019 年中国进口农作物种子 6.60 万吨、出口 2.51 万吨，进口额 4.35 亿美元、出口额 2.11 亿美元。

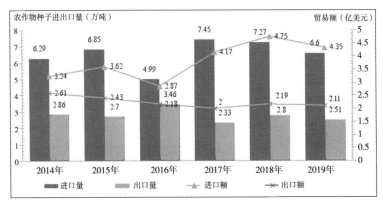

图 2-1 2014—2019 年中国农作物种子进出口贸易情况

依据中国种子贸易协会数据（见图 2-2），2019 年，中国进口量排名前十位的种子种类有：黑麦草种子、羊茅子、蔬菜种子、草地早熟禾子、其他种子、紫苜蓿子、三叶草子、糖甜菜子、种用玉米和草本花卉植物种子。

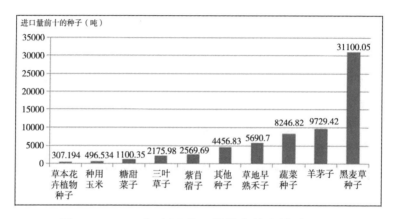

图 2-2　2019 年中国进口量排名前十的种子

如图 2-3 所示，2019 年，中国进口额排名前十位的种子种类有：蔬菜种子、黑麦草种子、草本花卉植物种子、糖甜菜子、其他种子、草地早熟禾子、羊茅子、三叶草子、紫苜蓿子和种用玉米。

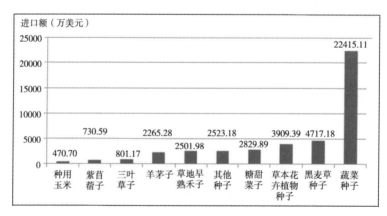

图 2-3　2019 年中国进口额排名前十的种子

如图 2-4 所示，2019 年，中国种子进口额排名前十位的国家有：美国、日本、丹麦、智利、泰国、德国、加拿大、法国、意大利和韩国。

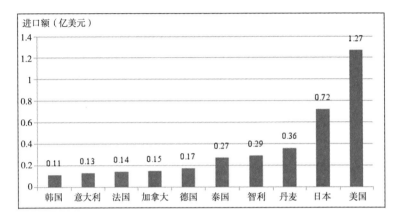

图 2-4　2019 年中国种子进口额排名前十的国家

三、我国植物繁殖材料出口概况

我国种业对外贸易规模不断扩大，对外投资取得重要突破。伴随着加入世界贸易组织（WTO）和政府产业扶持，中国种业市场化进程不断加快并日益开放。一是对外贸易规模整体不断扩大，但长期仍为贸易逆差。加入 WTO 后，我国种业贸易稳步增长，虽然受国内制种成本和产权保护影响，出口额有所回落，但整体仍保持利好趋势，出口增长潜力较大。据中国种子贸易协会统计，蔬菜种子出口额占比较大，大田作物种子以种用稻谷为主；对美国、日本和韩国等发达国家（地区）出口以蔬菜种子、花卉类植物繁殖材料和非粮食大田作物种子为主，且出口增长较为稳定；对东南亚、南亚等发展中国家（地区）出口以粮食作物种子（尤其是种用稻谷）为主，且出口增速较快，出口潜力有待进一步开发。二是境外在陆续设立子公司的同时，中国开始海外投资并购，以融入全球种业竞争格局。

中国种业出口占全球市场份额比重小，国际竞争压力大。尽管中国是仅次于美国的全球第二大种业市场，约占世界种子总规模的 20%，但据国际种子联盟统计，中国种子产业规模与出口规模严重失衡。一方面，中国种业"走出去"势必要与欧美种子出口大国同台竞技，其中杜邦、孟山都和利马格兰等跨国种业公司拥有完善的组织经营架构、强大的技术研发实力与配套的产业链条，无疑是中国种业"走出去"面临的最大竞争对手；另一方面，伴随全球生物技术的推广扩散，一些作为出口对象的发展中国家（地区）也陆续通过各种途径培养或复制出相似品种，使得中国种业企业的品种市场占有周期短，市场份额减少。

中国种业处于市场化初级阶段，种子研发以农业科研院所为主导、种业企业研发部门为补充，面向种业终端的市场化导向不足。育种环节作为种子产业链的核心环节，处于产业链上游，而种子研发则是该环节的关键。凭借高度集中的种子研发专业人才、种质资源和育种经费，农业科研院所研发的种子审定品种数量占比较高，在现有的审定与研发机制下，农业科研院所研发品种多缺乏商业推广价值，而企业研发能力有限，使得国内市场流通的自主研发品种占比较低。针对国外市场需求，农业科研院所缺乏开展针对性的种子研发积极性，而种业企业则心有余而力不足。

国内出口政策偏紧，国际贸易壁垒层出不穷。基于保护种质资源的目的，中国针对种子出口出台了一系列限制政策。

各国（地区）对于种子进口多采取不同形式的限制措施，抬高中国种业"走进去"门槛。各国（地区）政府出于自身考虑纷纷设立严格的种子贸易壁垒：一是直接的政策限制，如印度不允许直接大量进口杂交水稻种子，只允许在本国制种销售，且在本国制种的企业注册时外资不可控股，印度尼西亚、孟加拉国则分别要求在审定后 2 年和 5 年后才能在本国生产销售。二是植物检疫控制，以预防检疫性病害、保护本国农业安全为由，提出全球性植物检疫要求，从而限制国外种业公司进入，如印度尼西亚、斯里兰卡、美国及南美国家（地区）对进口中国杂交水稻种子制定了严格的检疫条件，其苛刻的检疫要求令国内种子出口企业望而生畏。

同目的国（地区）衔接不畅，配套服务供给与设施建设不足。目的国（地区）的社会与自然环境同国内的差异成为中国种业"走出去"的重要限制因素。以水稻为例，中国杂交水稻育种技术在全球居于领先水平，作为优势品种出口南亚、东南亚地区效果却并不理想。南亚、东南亚地区雨旱季分明，水稻生长期内气候干燥、光照充足、病害少，适宜水稻生产。部分国家（地区）如印度尼西亚，因为资源丰富、地广人稀、居民的食物选择多样，没有稻谷种植需要，导致市场推进困难。而自然资源类似的缅甸作为传统的稻米生产国，由于水稻管理模式差异，对于需要大肥大水管理的杂交稻品种接受度不高，反而对中国早期研发的常规稻品种情有独钟。对泰国的出口情况与缅甸类似，泰国出于品质需要，主要种植常规稻品种，杂交水稻产量占水稻总产量比重极低。中国杂交水稻出口巴基斯坦的过程中，当地种子经销商往往采用逐级赊销方式，导致出口到账周期长，存在较大的坏账风险。部分国家（地区）植物新品种保护体系不健全，中国种业出口产品在目的国（地区）短期内被仿制，损失惨重。

在中国种业"走出去"过程中，配套的技术服务供给和基础设施建设不足。在农业生产过程中，除种子这一核心要素外，农药、化肥与相应的栽培管理、劳动机械投入均缺一不可。种业"走出去"，不能单纯输出种子，尤其是向发展中国家（地区）推广出口新品种，往往因目的国（地区）缺乏相应的栽培经验、生产要素与配套灌溉、运输设施，使得品种表现不佳。如中国杂交水稻向印度、巴基斯坦和孟加拉国推广过程中带动了中国相应的化肥、农药出口，而中国制造的农业机械出口带动种子出口却有待开发，仅在孟加拉国的米机市场广受欢迎，无论是东南亚地区的小型农机，还是巴基斯坦大庄园式生产要求的大型机械，仍以欧美、日本进口为主，中国农业机械难以与之抗衡，在当地的售后服务上也较为欠缺。而在非洲的莫桑比克、肯尼亚，尽管当地气候适合、种植意愿强烈，但因水利设施与道路交通限制，中国杂交水稻难以大范围推广。

从苗木出口金额来看，2018—2019 年，中国种用苗木出口金额呈上升趋势，2019 年种用苗木行业出口金额为 4438.22 万美元，同比上升1.00%。2020 年 1—3 月，中国种用苗木产品出口金额为 1370.48 万美元。

从出口产品结构来看，2018—2020 年第一季度草本花卉植物种子出口比重加大，2020 年第一季度，草本花卉植物种子出口比重达到 45%。表明中国草本花卉植物种子供给较为充足。

如图 2-5 所示，2019 年，中国出口量排名前十位的种子种类有：水稻种子、蔬菜种子、草本花卉植物种子、种用玉米、种用葵花子、其他种子、其他饲料植物种子、种用马铃薯、种用红花子和紫苜蓿子。

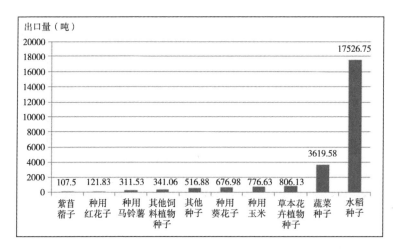

图 2-5　2019 年中国出口量排名前十的种子

如图 2-6 所示，2019 年，中国出口额排名前十位的种子种类有：蔬菜种子、水稻种子、草本花卉植物种子、其他种子、种用玉米、种用葵花子、种用马铃薯、其他饲料植物种子、其他种用含油子仁及果实和种用红花子。

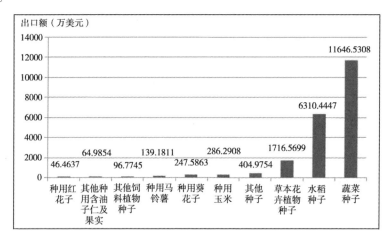

图 2-6　2019 年中国出口额排名前十的种子

如图 2-7 所示，2019 年，中国出口额排名前十位的出口目的国有：巴基斯坦、荷兰、韩国、日本、美国、越南、菲律宾、约旦、意大利和法国。

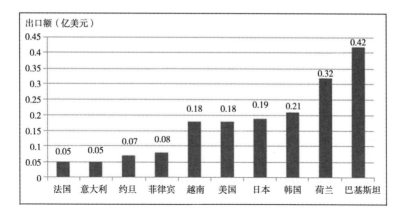

图 2-7　2019 年中国出口额排名前十的出口目的国

第三章
植物繁殖材料与生物安全风险

CHAPTER 3

为防范生物安全风险，加快构建我国的生物安全体系，我国在 2000 年签署了《生物多样性公约》（CBD）所属的《卡塔赫纳生物安全议定书》（以下简称《议定书》），并于 2005 年正式批准了该《议定书》，该《议定书》的目标是防范现代生物技术产生对生态和人类健康可能构成的风险。2021 年 4 月 15 日，我国颁布实施了《中华人民共和国生物安全法》（以下简称《生物安全法》），该法是为维护国家安全，防范和应对生物安全风险，保障人民生命健康，保护生物资源和生态环境，促进生物技术健康发展，推动构建人类命运共同体，实现人与自然和谐共生。它的颁布和实施标志着我国生物安全进入依法治理的新阶段，在保障人民生命安全身体健康、维护国家安全、提升国家生物安全治理能力和完善生物安全法律体系等方面具有重要意义。

《生物安全法》正式确立了生物安全的法律地位，使生物安全在总体国家安全观中成了与政治安全、国土安全等十二大安全并列的又一安全。国门生物安全是构成国家安全的重要一环，近年来，全球贸易复杂多变，新兴业态不断涌现，生物安全事件呈现频发多发且难以防范的新特性，给国门生物安全带来了新的挑战。

第一节
植物繁殖材料与国门生物安全

一、国门生物安全的内涵

国门生物安全是指通过综合性的风险管理措施，使一个国家（地区）的农、林、牧、渔业生产，生态环境和公民身体健康，相对处于不受境外人类传染病、动物疫病（含人畜共患病）和植物有害生物的威胁，国家生物物种资源能够得到有效保护，并具备持续保持安全状态的能力。国门生物安全属于非传统安全，是国家安全体系的重要组成部分，与生态安全、资源安全、经济安全等传统国家安全息息相关。

国门生物安全的意义主要体现在以下几个方面。一是保障农林业生产安全，促进农产品安全进出口，推动经济高质量发展。通过动植物检疫防止动物疫病、植物有害生物对农林牧业生产的为害，保障资源性农产品安全进口，同时促进农产品安全出口。二是体现国家主权，服务国家外交外贸大局。随着经济全球化，动植物检疫工作越来越受到各国（地区）的关注和重视，也经常成为国家领导人互访的议题。近年来，中国与多个国家（地区）签署了有关动植物检疫双边协议或议定书，为高层互访营造了良好气氛，改善和促进了中国与相关国家（地区）的关系，有力地配合了国家外交。三是保护人民身体健康，维护社会和谐稳定。有些动植物及其产品直接威胁人类的生命健康，有些外来入侵物种是人类的病原或病原的传播媒介，有些病原体还可以引起人畜共患病，只有通过检疫等措施将疫情疫病防控治理到位，才能有效控制疫情疫病的传播，减少对大众健康的影响。四是保护生态环境和生物多样性，服务生态文明建设。通过防范外来生物入侵，保护自然生态环境和生物多样性，保障生态资源供给，从而保障人与自然和谐共生、科学可持续发展。

二、植物繁殖材料的检疫与国门生物安全

（一）植物繁殖材料带来的检疫风险

植物繁殖材料涵盖的种类多、范围广，包括植株、苗木（含试管苗）、果实、种子、砧木、接穗、插条、叶片、芽体、块根、块茎、鳞茎、球茎、花粉、植物培养材料（含转基因植物）等。近年来我国进出口植物繁殖材料的数量较大，2020 年进出口植物种子达到 15455 批次 11.59 万吨，货值 6.87 亿美元，其中出口植物种子 9008 批次 3.75 万吨，货值 3.03 亿美元，进口植物种子 6447 批次 7.85 万吨，货值 3.84 亿美元。大量繁殖材料的进出口，增加了有害生物传播的风险。由于植物繁殖材料不同于一般植物，它可能被种植或繁殖，或繁殖后再种植，所以传播有害生物的风险很高。同时，很多植物病原菌都是直接通过植物繁殖材料传播的，如果树的病毒病是由于从带病的母株采取插条、接穗、接芽进行繁殖而传播的；马铃薯的病毒病是通过带有病毒的块茎而传播的；水仙、百合等的病毒病是通过带毒的鳞茎传播的。进出口植物繁殖材料种类多、数量大、来源广、贸易交流形式多样等特点都给植物检疫监管工作和国门生物安全带来

了极大的挑战。

（二）植物繁殖材料的检疫

进出境植物检疫是国门生物安全保障的重要内容，与国家农业生产安全、生态安全息息相关。植物检疫起源于防止有害生物对农林牧业生产的为害，因此保障农林业生产安全，促进农产品安全进出口，维护国门生物安全是植物检疫工作的最直接体现。海关动植物检疫工作是国家主权在国门生物安全领域的重要体现，是国家维护国门生物安全的重要职责和手段，是实现国门生物安全的第一道防线和屏障。

植物繁殖材料检疫工作保障了植物繁殖材料的安全进出口，促进了植物繁殖材料对外贸易发展，是发现和预防外来入侵物种，保护生物多样性的最有力、最有效的手段，通过签署《生物多样性公约》，加强与《国际植物保护公约》（IPPC）等国际组织的合作，防范外来入侵物种对生物多样性的为害。近年来，通过检疫在进境植物繁殖材料中每年截获大量外来有害生物，"十三五"期间，全国海关共截获植物有害生物 8858 种 360 万次，其中检疫性有害生物 520 种 40.13 万次。

植物繁殖材料的检疫工作是防范种质资源流失的重要手段。随着世界经济格局的调整，新兴经济体和传统发达经济体对于资源需求的矛盾日益凸显，世界各国（地区）纷纷将生物资源的占有与开发纳入战略范畴，生物资源已成为各国（地区）资源争夺的新领域。我国作为生物多样性大国，长期面临生物资源流失的巨大压力。近年来，全国海关切实履行法定职责，落实总体国家安全观，进一步严格口岸检疫，加强外来物种防控，严防境外动植物疫情疫病和外来物种传入，全力以赴打击濒危物种走私犯罪活动。结合"国门利剑""百日会战""打击象牙等濒危物种及其制品走私专项行动""护卫2020"等专项行动，通过建立健全生物物种资源出入境查验制度，加强出入境检验检疫，对出入境生物物种资源严格查验，加强进出境种质资源的源头管理，优化境外种质资源生产企业注册登记制度，建立进境种质资源风险分析体系，筑牢保障生物资源安全、防止物种资源流失境外的坚强屏障。

（三）植物繁殖材料的检疫与国门生物安全

国门生物安全属于非传统安全，是国家安全体系的重要组成部分，受到世界各国（地区）的高度重视。海关总署始终坚持全链条口岸动植物检疫防控，随着《生物安全法》的颁布和实施，建立了从检疫准入、境外预检、检疫审批、口岸查验、实验室检测、检疫处理、隔离检疫、定点加工以及疫情监测的三道防线九项具体措施的防御体系，扎实做好进出境动植物检疫工作，维护好国家生物安全的防线和屏障，筑牢国门生物安全网。全国海关不断完善联防联控机制，应用智能查验、抽采样、检疫处理以及远程鉴定等先进技术和装备，建立外来有害生物快速反应机制，通过大数据分析，做好前瞻性风险预警和实时防控，推动与农业、林草、生态环境等部门建立长效合作机制，共同做好植物繁殖材料疫情防控工作。海关在严厉打击、严肃纠正违法行为的同时，始终致力于通过"国门生物安全"宣传教育等活动，提高公众对进出境物品检疫风险的认识，引导公众自觉遵守法律，维护国门生物安全和种质资源保护，达到执法把关标本兼治的目的，把重大风险防控要求落实到动植物检疫工作的每个方面。

第二节
进出境植物繁殖材料带来的生物安全风险

随着经济全球化发展和对外开放不断扩大，跨境电商等新业态贸易方式发展迅速，进境植物繁殖材料种类和来源地更加广泛，非法携带和邮寄进出境繁殖材料明显增加，植物疫情的传播渠道也更为复杂，给国门生物安全保障工作带来严峻挑战。

一、全球植物繁殖材料交流给各国（地区）带来的生物安全风险

随着世界经济发展和国际贸易化自由程度不断提高，植物繁殖材料的国际贸易规模不断扩大。由于全球植物繁殖材料贸易交流和非贸渠道的交流给各国（地区）国门生物安全带来了巨大的风险，主要表现在外来入侵物种，造成了巨大的经济损失，生态环境和生物多样性遭到破坏，甚至威胁到了人类的健康。

近十几年来，生物入侵的趋势不断增加，给各国（地区）造成了巨大的经济损失。据国际自然保护联盟发表的研究报告估计，外来入侵物种给各国（地区）造成的经济损失每年超过亿美元。随苗木花卉等繁殖材料的传播，椰心叶甲、美洲斑潜蝇等有害生物每年引起的直接经济损失高达数百亿元；随种子传播的西瓜细菌性果斑病，给美国西甜瓜生产造成了毁灭性的打击；地中海实蝇是世界上数百种水果和蔬菜上最具毁灭性的害虫之一，该害虫在美国曾发生过多次，其中包括两次大暴发，历时数年，耗资百亿美元，还是未根除。在对外来有害生物的除治方面，也耗费了大量的人力、物力和财力，每年各国（地区）投入治理的经费达到上亿元。

外来入侵物种危及全世界，对农业、林业和自然生态系统等已造成严重为害。当外来物种被引入非土著地时，它们对土著生物多样性造成的为害包括：与其他物种竞争空间和食物，变成其他物种的捕食者，破坏栖息地或使其退化，传播疾病和寄生物。入侵物种在新的环境中摆脱了原产地长期共同进化形成的天敌和种间竞争压力，当生长条件适宜时种群可迅速增长，暴发成灾。当地可作为寄主的物种，对外来寄生物或病原体缺乏天然抵抗力，更容易遭受侵害，使得外来病害能迅速蔓延。

有些入侵物种还会对人畜的健康造成威胁，对人类的生活造成影响。比如原产于南美洲的红火蚁目前已入侵世界多地，它对人类有攻击性，人体被红火蚁叮蛰后，有如火灼伤般疼痛感，之后会出现如灼伤般的水泡，少数人对毒液中的毒蛋白过敏，会产生过敏性休克，有死亡危险。据美国食品药品监督管理局估计，每年有超过50亿美元被用于红火蚁侵染地区医疗、除害和控制。2004年中国台湾地区发生首起因红火蚁而致死的病例。再比如，美国新闻报道中出现的风滚草严重影响了美国人的生活，无数的风滚草突袭了加利福尼亚州和犹他州的多个城镇，造成了许多城镇居民无法出门的惨状。

二、我国植物繁殖材料交流带来的生物安全风险

（一）给本地物种带来的风险

外来入侵物种会排挤本地物种甚至导致局部种群的消亡。入侵物种中的一些恶性杂草，如紫茎泽兰、飞机草、薇甘菊、豚草、反枝苋等杂草种子可分泌有化感作用的化合物抑制其他植物发芽和生长，排挤本土植物并

阻碍本地植被的自然恢复。原产于日本的松突圆蚧于20世纪80年代初入侵我国南方地区，90年代初，在造成13万公顷马尾松林枯死的同时，还侵害一些狭域分布的松属植物，如南亚松。原产于北美的美国白蛾于1979年入侵我国，仅辽宁省的虫害发生区就有100多种当地植物受到危害。20世纪80年代，为了保滩护堤、促淤造地、开辟海上牧场，闽东沿海开始种植大米草。但事实证明，大米草盐分高、纤维粗，不适于作饲料，加之大米草繁殖力极强，根系发达，草籽可随海潮漂流蔓延，占据闽东滩涂，导致近岸海洋红树林生态环境遭到破坏，使得滩涂鱼、虾、贝等海洋经济生物无法生存，生物品种数骤减。

（二）给物种遗传带来的风险

入侵物种和本地物种之间可以通过直接的基因交流，如杂交和基因渗透，对本地种的遗传产生影响。入侵物种与本地物种之间可能通过杂交，产生一种新的、有入侵性的杂合体基因型，如大米草就是互花米草和一种土著种欧洲米草杂交后产生的一种新的更有入侵性的杂草，它能占据互花米草不能生长的滩涂，对当地物种的生长、分布产生严重影响。入侵物种和本地物种可能还会杂交产生不育的杂合体，与本地物种竞争资源；入侵物种和本地物种可能产生一群杂交体和广泛的基因渗透，通过"基因污染"而导致本地种的灭绝。

（三）给生态安全带来的风险

生物入侵对生物多样性及生态系统结构与功能影响巨大，难以用数字来衡量。森林消失、生物环境破坏、草场退化、沙漠扩展、沙尘暴频发、水体污染等都与破坏生态系统稳定的外来生物入侵息息相关。《2020年中国生态环境状况公报》统计，截至2020年全国已发现660多种外来入侵物种。其中，71种对自然生态系统已造成或具有潜在威胁并被列入《中国外来入侵物种名单》。69个国家级自然保护区外来入侵物种调查结果表明，219种外来入侵物种已入侵国家级自然保护区，其中48种外来入侵物种被列入《中国外来入侵物种名单》。外来生物入侵对生态系统造成不可逆转的破坏，是影响生态系统平衡和全球环境变化的重要因素。外来入侵物种成为当地农作物的病虫害以及养殖业的重要疫病，极大降低了农作物产量，甚至导致绝收。外来入侵物种成功定殖后，防控治理难度大，将其彻底封锁的可能性小，不仅挤占本地生物的生态位，改变当地生态环境，而且打破原有生境条件、生态系统结构，侵蚀物种遗传资源，造成河道淤堵、景区风景观赏性降低、河床升高及气候异常变化等问题，对当地的农田、森林、湿地、湖泊等生态系统为害巨大。

（四）给种质资源带来的风险

种质资源是国家种业竞争力的重要标志之一，我国作为世界上生物多样性最丰富的国家之一，不仅种类多、数量大，而且分布广，植物物种占世界总数的 11%。种质资源被称为农业的"芯片"，是国家的战略资源。它的保护与利用，对选育突破性新品种，促进我国农业生产持续发展，提高农产品国际竞争力，保障国家粮食安全及主要农产品有效供给具有重大意义。当前，我国种质资源流失的现象比较严重，很多传统种植资源流传国外，被别国（地区）改造申请知识产权保护，发达国家（地区）利用生物育种知识产权战略，极力圈占我国的种质资源，以此提高其未来发展的主动权和控制能力。目前我国仍有一些种质资源经非正常途径流失到国外，如通过个人携带，邮、快件夹带，甚至走私的方式将我国的种质资源带往国外，由于这些资源未经有关部门的审核和登记，属非法出境，很难在境外获得知识产权的保护，直接导致了中国种质资源的流失。

第三节
外来入侵物种带来的生物安全风险案例

——————◇——————

随着全球经济一体化进程的加快，外来生物入侵现象越来越严重，在一些国家和地区，入侵物种肆意扩张蔓延，为害不断加剧，带来的生物安全问题日益突出。

一、紫茎泽兰

紫茎泽兰［*Ageratina adenophora*（Sprengel）R. M. King & H. Rob.］原产于美洲的墨西哥至哥斯达黎加一带，现分布于美国、澳大利亚、新西兰、中国等 30 多个国家（地区），自 19 世纪作为一种观赏植物在世界各地引种后，因其繁殖力强，已成为全球性的入侵物种，被多个国家（地区）列为重要的检疫性有害生物。20 世纪 40 年代紫茎泽兰由中缅边境传入我国云南南部，现云南土地 80% 都有紫茎泽兰分布。我国云南、贵州、四川、广西、西藏等地都有分布，每年以 10~30 千米的速度向北和向东扩散。据估计，紫茎泽兰对中国畜牧业和草原生态系统服务功能造成的损失分别为 9.89 亿元人民币/公顷和 26.25 亿元人民币/公顷。它在《中国第一批外来入侵物种名单》中名列第一位。

紫茎泽兰成功入侵后，会使入侵地的土壤在微生物群落结构、酶活性及土壤养分等方面的成分组成和数量发生变化，通过增加有益功能菌，提高土壤养分，形成对自身有利的土壤生态环境，同时破坏原有植物与土壤之间的生态平衡，从而抑制当地植物的生长发育。紫茎泽兰还对光环境有很强的适应能力。紫茎泽兰的光饱和点比较高，接近阳性植物；紫茎泽兰对光照的适应范围较宽，光补偿点低。从夏季到秋季，紫茎泽兰叶片的日平均光合速率不仅没有减少，而且略有增加，还说明紫茎泽兰一直处于旺盛的生长状态，而这期间，正是牧草及其他植物幼苗、幼树生长能力衰退的时期。紫茎泽兰具有广泛的适应性和抗逆能力，无论在向阳开阔的自然草场、公路两旁还是在荫蔽的桐林都能成片生长，甚至在石缝、瘠薄的土壤中也能生长发育。总之，紫茎泽兰以其生物学特性、"有毒"的化感物质和惊人的繁殖能力以及较高的光合能力排斥其他植物的生长。

紫茎泽兰入侵后会破坏牧草、侵占草场，严重影响畜牧业发展，在紫茎泽兰发生为害地区，总是以漫山遍野密集成片的植物群落出现，造成牧草急剧下降，饲草缺乏；它入侵经济林地后影响栽培植物生长，轻者导致作物长势减弱、产量下降或品质变坏，重者导致作物大面积死亡。紫茎泽兰在路旁沟边长得非常繁茂，枝叶十分密集，往往会阻碍交通、堵塞水渠，严重时甚至还会影响人畜健康，紫茎泽兰植株内含有的特有化学物质能引起人畜过敏性疾病，会引起马患气喘病，甚至有家畜因误食引起中毒或死亡的事件发生。

二、豚草

豚草（*Ambrosia artemisiifolia* L.）原产于北美洲，是一种独特的植物，被称为"植物杀手"。它的生长能力非常强，目前豚草已经入侵世界各地，在我国分布于东北、华北、华中和华东等地。豚草被列入《中国第一批外来入侵物种名单》。

研究显示，一株豚草如果发育良好，可以产生 7 万~10 万粒豚草籽，豚草籽在自然风力的推动之下，可随风飘扬达 100 多千米。其凭借极强的生命力，可以遮盖和压抑土生植物，造成原有生态系统的破坏，农业减产，消耗土地中的水分和营养，农业损失惨重；豚草的蔓延蚕食了大片土地，造成农作物撂荒，对生态环境具有较大威胁。据试验表明，在 1 平方米的玉米地中，只要有 30~50 株豚草苗，玉米将减产 30%~40%；当数量增加到 50~100 株时，玉米几乎颗粒无收。豚草花粉是引起人体一系列过敏性变态症状——枯草热的主要病原。若空气中豚草花粉粒的密度达到每立方米 40~50 粒，人群就能感染枯草热（秋季花粉症）。患者的临床表现为眼、耳、鼻奇痒，阵发性喷嚏，流鼻涕，头痛和疲劳；有的胸闷、憋气、咳嗽、呼吸困难。年久失治的还可并发肺气肿、肺心病，甚至死亡。豚草植株和花粉还可使某些人患过敏性皮炎，全身起"风疱"。在美国每年因豚草患病者多达 1460 万人，加拿大也有 80 万人。俄罗斯克拉斯诺尔达地区，在豚草花期约有 1/7 的人因患豚草病无法劳动。因此，豚草被定为国际检疫杂草、公害杂草。

三、加拿大一枝黄花

加拿大一枝黄花（*Solidago canadensis* L.）原产于北美洲。由于该植物花色泽亮丽，常用作插花中的配花，20 世纪 30 年代中期作为庭院观赏植物引入我国上海、南京等地栽植，80 年代逐渐扩散至河滩、荒地、路边及部分农田，逐渐成为我国一种常见的恶性杂草，严重破坏本土植物的多样性和生态平衡。据统计，几十年来，加拿大一枝黄花已导致 30 多种本土植物物种消亡。

加拿大一枝黄花的根系分泌物能抑制入侵地其他植物的生长，与周围植物争阳光、争空间、争养分、争水分，破坏生态，蚕食肥力，直至周围植物死亡。它能破坏道路及园林绿地景观，同时，可蚕食旱地作物，对作物的产量和质量造成很大为害。加拿大一枝黄花具有强大的繁殖能力，其种子借助风力、飞鸟等四处飘散。20 世纪 80 年代，我国浙江、江苏、安徽、江西、贵州、湖南、湖北、广东、广西等地都有发现加拿大一枝黄花。而且，它们以很快的速度向其他适宜生长的地方扩散。加拿大一枝黄花每株拥有 2 万多粒种子，40% 的种子都能萌发，而且它还有着奇特的繁殖方式——根部繁殖，也就是说在根上形成新的植株，织成一个超强大的繁殖网络。调查发现，一个 6 株加拿大一枝黄花组成的小群体，8 年后竟演变成一个有 1400 余株的大群体，而且植株高大，茎秆粗壮。同时，它的种群数量也增加十分迅速。

加拿大一枝黄花已严重破坏我国许多地区的自然植被和生态系统，对农林作物构成了很大的威胁，已被农林部门列为重点防治对象。因此，一旦发现加拿大一枝黄花便需要将其彻底铲除。首先将其花穗剪去，再将地上部分和根状茎拔出，集中焚烧干净，防止种子、根状茎和拔出的植株残体传播扩散；对零星生长在校园、庭院、住宅小区及城镇空地的植株，应在种子成熟前，组织人工拔除或割除，并彻底挖除地下根茎，集中销毁，防止宿根再生。

四、毒麦

毒麦（*Lolium temulentum* Linnaeus），是禾本科黑麦草属的一年生或越年生草本植物，抗寒、抗旱、耐涝能力强。分布于我国的甘肃、陕西、安徽、浙江等地区，在地中海、欧洲、中亚、俄罗斯西伯利亚、高加索、安纳托利亚等地亦有分布。

毒麦于 20 世纪 50 年代随国外引种或进口粮食时传入我国，最初在黑龙江等地发生，后在江苏、湖北等地蔓延。1954 年在从保加利亚进口的小麦中也有发现。毒麦可自花授粉（黑麦草属中多数种是异花授粉植物），种子和在冬季萌发的部分幼苗可越冬，于夏季抽穗，分蘖能力强；毒麦出苗比小麦晚，但成熟比小麦早。它的种子很少有休眠的现象，且在土壤 10cm 深处尚能出土，出土后生长迅速，繁殖能力强，不论旱年或涝年，其繁殖能力都比小麦高 2~3 倍。Steiner & Ruckenbauer 发现，在 10℃~15℃、相对湿度 3%~12% 条件下保存 110 年的毒麦种子仍然具有活力。其成熟籽粒易随稃片脱落，在小麦收获时，毒麦的落籽率为10%~20%，因此极易混杂于小麦种子中，进而随粮食或种子运输扩散，传播性强。它常混生于小麦之中，偶尔见于亚麻、向日葵等作物田中，严重影响作物的产量和质量。其颖果的大小和重量与小麦和其他小粒作物的谷粒非常相似，这使得很难分离。当与小麦一起碾磨时，会使面粉变灰并变苦。毒麦颖果的内种皮与淀粉层之间易受真菌 *Stromatinia temulenta* 菌丝的侵染，从而产生毒麦碱毒素，人、畜食用后均能引起中毒。当面粉中毒麦含量达4%以上时即可引起食用者的急性中毒，表现为神经麻痹、眩晕、恶心、呕吐等症状。

毒麦在世界各地的粮食产区均造成了不同程度的为害，国内曾在华东、华北、西北及东北地区的小麦产区造成严重为害。该种在无意中引进之后由于各地调种过程中缺乏严格的检疫措施，目前除西藏自治区和台湾地区外，各省（自治区、直辖市）都曾有过报道。黑龙江麦作区小麦脱谷后毒麦的混杂率一度高达22%。《中国外来入侵植物名录》将其列为恶性入侵植物；被列入《中国第一批外来入侵物种名单》。

五、松材线虫

松材线虫（*Bursaphelenchus xylophilus*）引起的松树萎蔫病被称为"松树的癌症"，是一种毁灭性病害，属我国重大外来入侵种，已被我国列入对内、对外的森林植物检疫对象。其原产于北美洲，在日本、韩国、葡萄牙等国（地区）均有发生，其中以日本受害最为严重，松材线虫于1982年在南京中山陵首次被发现，在短短的十几年内，又相继在江苏、安徽、广东、浙江、香港等地发生并流行成灾。该病近距离传播主要靠媒介天牛如松墨天牛携带传播，远距离传播主要靠人为调运的苗木、松材、松木包装箱及松木制品等进行传播。该病自1982年传入我国以来，扩散蔓延迅速，截至2018年，全国已有18个省（自治区、直辖市）发生，面积达7.7万公顷，导致大量松树枯死，对我国的松林资源、自然景观和生态环境造成严重破坏，造成了严重的经济和生态损失。松材线虫侵入树木后，树木外观正常，但是树脂分泌减少或停止，蒸腾作用下降，之后针叶开始变色，通常能够观察到天牛或其他甲虫侵害和产卵的痕迹，接着大部分针叶变为黄褐色，萎蔫，通常可见到甲虫的蛀屑，最终导致针叶全部变为黄褐色，病树干枯死亡，但针叶不脱落，此时树体上一般有多种害虫栖居。

根据 2018 年秋季各地统计数据，全国松材线虫病发生面积 974 万亩，病死树 1066 万株，呈现大幅增加趋势。据统计，该病在全国 18 个省（自治区、直辖市）的 588 个县级行政区发生，每年造成的直接经济损失和生态服务价值损失达上百亿元人民币。研究表明，我国几乎所有区域都是松材线虫病的适生区，所有松树种类都有可能感染松材线虫病。疫情发生区域不仅突破了传统理论提出的年均气温 10℃ 以上的适生界线，还发现了新的传播媒介昆虫和寄主树种。

第四节
植物繁殖材料生物安全管理

一、各国（地区）对植物繁殖材料生物安全的管控

植物繁殖材料的生物安全已经引起世界各国（地区）的关注，它严重威胁到各国（地区）的农林业生产安全，影响了当地经济和贸易的可持续发展。从 20 世纪 50 年代开始，国际社会陆续通过了 40 多项国际公约、协议和指南，成立联合管理机构等国际合作的方法来预防和管理外来物种和有害生物的传播，如《生物多样性公约》《联合国海洋法公约》《国际植物保护公约》《实施卫生与植物卫生措施协定》《通过控制和管理船只压舱水尽量减少有害水生生物和病原体转移的指南》等。

以美国、澳大利亚、日本等为代表的发达国家（地区）在国门生物安全的立法和法规管理方面一直走在世界的前列，值得我国借鉴。美国法律规定详细明确，以联邦立法为主、州立法为辅，法律监管体系已趋于完善，如《植物检疫法》《国家入侵物种法》等。美国动植物检疫局是专门负责植物检疫的管理机构，它同时承担国内外植物检疫管理，发挥防控外来入侵物种的作用，并专门成立了由农业部、内务部等牵头，联合财政部、国防部、商业部、交通部和环境保护署等部门主要领导组成的国家入侵物种委员会，统一管理外来入侵物种问题。防控外来入侵物种风险工作

重在防控，超过一半的经费用于"防"。澳大利亚对维护国门生物安全立法方面主要包括保护生物多样性、生物安全等国家层面的法律。由十几个政府机构共同构成防控外来入侵物种风险的管理机构，主要为农林部和环境部，负责无意入侵管理和入境审批工作。由于澳大利亚的国际贸易运输方式主要为海运运输，较为单一，根据风险分析得出压舱水是有害生物传入的主要载体，政府采取口岸强制采样和监测，严格控制压舱水处理，使得随海水引进的有害水生生物风险降至最低。为使监管统一有效，在生物安全的大原则下，成立了专门管理机构——生物安全署和环境风险管理署，将防控外来入侵物种风险工作融入生物安全之内。日本以《有害生物法》为根本，其他相关立法为辅助，构建了日本防控外来入侵物种的法律体系。日本的环境省在防控外来入侵物种管理上具有领导地位，农林水产省负责境外外来入侵物种管理，另两个部门——厚生劳动省、交通省在监管和处置上也需要配合。日本的国门生物安全是以预防为监管重点，配备先进的设备，研发先进的技术用于口岸防控。

二、植物繁殖材料生物安全全球治理

国门生物安全是世界各国（地区）共同面临的课题，全球化使国门生物安全威胁不再局限于单个国家（地区）而成为全球性的威胁。为应对全球国门生物安全威胁的挑战，必须加强国际协作和全球合作，迫切需要国门生物安全全球治理。最近几十年内，大量的病虫害传播导致一些本地野生物种的死亡甚至灭绝，同时给人类社会带来了经济危害甚至威胁到了人类的健康。据不完全统计，全球每年因外来入侵物种所造成的直接经济损失超过4000亿美元。因此，世界各国（地区）都在不同程度地开展进出境动植物检疫工作，最大限度地保护国门生物安全。当前，发达国家（地区）普遍制定了比较完善的生物安全防御战略，构建了比较健全的体系，但发展中国家（地区）生物安全防控的漏洞较大。

为应对植物有害生物、生物入侵，避免物种资源丧失和濒危物种灭绝等国门生物安全威胁，需要加强世界范围动植物疫病疫情传播为害的管理协调，促进相关领域的国际交流合作，充分发挥联合国、世界动物卫生组织（WOAH）、国际植物保护公约（IPPC）等专业性国际组织的作用，从检疫、防治、治理、消杀等各个方面，研究制订全球动植物安全防御体系战略规划，把各个国家和地区的动植物防御体系纳入全球防御的大系统。只有通过积极的国门生物安全外交和多边谈判，加强国际合作，在全球生物安全危机方面达成共识并采取集体行动，才能有效应对未来全球国门生物安全威胁，维护好全球各国（地区）的国门生物安全。

三、我国进出境植物繁殖材料国门生物安全体系

保障国门生物安全，核心措施是实施进出境植物检疫，防范植物疫病疫情和有害生物跨境传播，防止外来入侵物种。海关作为进出境动植物检验检疫监督管理机关，承担防控外来有害生物、预防植物疫情疫病、防范种质资源流失等国门生物安全重大使命，是维护和保障国家生物安全的重要力量。海关作为国家的"把门人"，坚持以总体国家安全观为统领，担负起维护国门生物安全的职责，筑牢国门生物安全防护网，守住国门防线，维护国家安全和人民群众切身利益。

（一）积极构建国门生物安全体系

目前，我国的进出境植物繁殖材料生物安全体系是以《生物安全法》为主干，由多部法律法规和部门规章构成的进出境动植物检疫制度体系，同时海关、农林、商务、卫生等多部门密切协作，覆盖海、陆、空口岸，形成了立体式国门生物安全管理体制。

海关加强进出境繁殖材料的国门生物安全理论、体系、制度与技术研究，联合多部门共同推进进出境植物繁殖材料的查验机制建设，积极参与生物多样性保护，联合环保、林草、农业农村等部门制定并实施进出境种质资源查验和处置措施，有效防范生物物种资源流失和外来物种入侵；全面开展口岸动植检规范化建设，启动全国动植物保护能力提升工程，加强口岸查验和检疫处理的基础设施建设，增强一线执法人员的力量配备和能力水平。

（二）做好旅邮检重点领域执法把关

随着进出境携带物和寄递物数量的大幅增长，旅邮检执法把关压力不断加大。海关总署高度重视旅邮检工作，从"绿蕾"行动到"国门绿盾"行动，形成打击非法携带、邮寄植物种子等植物繁殖材料入境的高压态势。规范口岸基础设施建设，全面推广智能审图技术包括建设装备新型海

关查验设备的自动化查验流水线，努力探索"人、机、犬"三位一体查验模式，加大现场查验人员培训力度，建立违禁物影像数据库，分析影像特征及成像规律，利用图像识别技术和人工智能技术等实现违禁物的自动检验，提高重要疫情疫病的检出率，在能保证有效监管的前提下实现快速通关，达到"管得住"还要"放得快"。推动基础设施标准化，通关查验规范化，执法服务标准化，加强旅邮检执法与刑事司法联动，加大对违法人员查处力度。

（三）加强繁殖材料的检验检疫监管

健全风险评估研判机制，发挥风险评估专家作用，建立定性/定量风险评估方法，细化进境产品风险评估、准入清单管理及分级分类的检疫准入模式；强化风险分析和企业信用管理，实施分类分级监管模式，统筹风险因子，实现风险管理指令精准布控。

对标新时代国门生物安全防控需求，建立完善专业重点、区域、常规实验室技术体系和人才队伍，夯实国门生物安全初筛、鉴定技术基础。加强进口植物繁殖材料检验检疫安全把关，确保检得出、检得准、检得快；针对发现的问题，加大检疫处理监管力度，严防疫情传入。加强种子的风险监控，强化风险预警、对外通报、不定期公开等工作。构建智慧监管体系，开展"智慧动植检"的建设和推广应用，充分运用大数据和区块链技术，优化检疫审批流程，不断创新检疫监管模式，提升出入境人员和货物的通关效能、压缩通关时限。

（四）开展国内外植物疫情疫病监测

健全监测网络，跟踪、收集主要国家和地区的重大疫情流行进展、防控策略、相关风险以及其他疫情相关信息，掌握全球疫情发展动态和趋势，建立疫病疫情防控长效机制和重大疫情疫病规范化处置机制；加大异动监控分析，完善风险信息库，突出国门生物安全防控重点，制发风险预警信息，及时提出应对举措。

调整修订外来有害生物监测指南，继续开展外来有害生物及重大植物疫情疫病监测，针对监测发现的重大植物疫情疫病及外来入侵物种，要及时启动风险预警及应急处置措施，加强与地方政府及相关部门合作，实施联防联控，妥善处置风险。

（五）加强国门生物安全宣传教育

畅通交流渠道，推动海关与农业农村、卫生健康、畜牧兽医、林草、粮食等相关部门在信息共享、技术支撑、专业交流以及管理等领域的合作，共同做好疫情联防联控工作，进一步提升国门生物安全保障水平。依托"4·15"全民国家安全教育日、"12·4"国家宪法日，利用实验室开放日等活动，广泛开展国门生物安全宣传教育，推动国门生物安全教育常态化、制度化。建设一批宣传教育示范学校、示范基地，让国门生物安全理念深入人心，营造全民遵法、守法、护法的良好氛围。畅通国门生物安全投诉举报、舆论监督、法律援助渠道，形成社会普遍关注、全民广泛参与的多元共治格局。

（六）推进国际共治

加强与"一带一路"共建国家（地区）、周边及非洲国家（地区）以及美国、加拿大、澳大利亚、欧盟等传统贸易国家（地区）植物疫情防控合作，从源头控制疫情跨境传播风险。帮助东盟国家和"一带一路"共建国家（地区）提升检验检疫技术和检疫处理技术水平，推动周边国家（地区）植物疫病疫情防控能力的整体提升。积极参与国门生物安全国际规则和标准的制修订，积极表达利益诉求，友善推广先进理念，推动建立公平、公正、科学、合理的国际生物安全管理规则，促进国际生物安全全球治理。

"十三五"期间，我国海关在口岸累计截获植物有害生物8858种360万次，其中检疫性有害生物520种40.13万次，有力防范了地中海实蝇、小麦矮腥黑穗病、舞毒蛾、沙漠飞蝗等重大疫情疫病和外来入侵物种传入，有效保障了国内农林牧渔生产安全、生态环境安全和人民群众生命健康安全。

四、植物繁殖材料疫情截获典型案例

（一）上海海关在芫荽种子中截获马铃薯斑纹片病菌

2019年1月17日，上海海关在一批芫荽种子中截获危险性有害生物马铃薯斑纹片病菌。该批货物原产于意大利，从洋山口岸入境，重40000kg，货值46358美元。洋山海关对该批货物实施现场检疫查验并采集样品送上海海关食品中心进行实验室检测，最终确定截获危险性有害生物马铃薯斑纹片病菌。这是继 2017 年 8 月上海口岸全国首次在法国、日本输华胡萝卜种子中截获该病菌之后，首次在大批量芫荽种子中截获该有害生物。经海关总署动植物检疫司批准，上海海关对该批染疫芫荽种子监督实施退运处理。

马铃薯斑纹片病菌是一种严重为害茄科、伞形花科作物的新病原，2009 年首次在新西兰发病的番茄、辣椒中鉴定并报道。

该病菌可通过带菌薯块、种子等繁殖材料以及带菌媒介木虱进行远距离传播，除为害多种茄科作物外，还可为害伞形花科作物，使作物品质下降、产量大幅降低甚至绝收。考虑到介体木虱寄主范围多达 20 多个科，该病菌的潜在寄主范围可能比已知的茄科、伞形花科广泛。

该病害主要分布于美国、墨西哥、新西兰、澳大利亚、芬兰、法国、德国、意大利、日本、摩洛哥等国家（地区），我国尚无分布报道。因为害严重，欧洲与地中海植物保护组织（EPPO）于 2014 年将该病菌及其媒介昆虫马铃薯木虱（*Bactericera cockerelli*）列为 A1 类有害生物。日本、澳大利亚等国（地区）也对该病菌寄主植物种子采取了入境前分子生物学检测、热处理等检疫要求。

我国幅员辽阔，气候条件多样，中、东部地区特别是长江以南地区气候非常符合马铃薯斑纹片病菌及其介体木虱的发生和流行，且该病害的寄主植物如茄科的马铃薯、番茄、辣椒、烟草及伞形花科的芹菜、胡萝卜等都是我国广为种植的重要经济作物。该病害一旦随进口种子、种薯传入我国，将严重危害我国农业生产及生态安全，引发巨大的经济损失。

（二）深圳海关从荷兰百合花种球上截获南芥菜花叶病毒

2019 年 10 月 28 日，深圳海关从来自荷兰的百合花种球上截获检疫性病毒——南芥菜花叶病毒，截获的携带病毒花卉种球共 150000 个，这是深圳海关首次在百合花种球上截获该病毒。南芥菜花叶病毒在世界范围内分布极其广泛，可为害多种经济作物，是我国的植物检疫性有害生物，我国尚无分布，一旦传入将严重威胁我国农业生产安全。根据我国有关法律法规的规定，该批种球已进行销毁处理。

（三）上海海关从旅客携带的玉米种子中截获玉米褪绿斑驳病毒

上海海关从旅客分运行李物品中截获携带检疫性有害生物玉米褪绿斑

驳病毒的玉米种子，为全国首次从旅检渠道截获该有害生物。

2019年4月17日，上海海关所属黄浦海关在对进境海运分运行李物品进行X光技术检查时，发现某行李中存在可疑植物材料，经开箱查验，发现1kg植物种子。现场关员按照相关规定对该植物种子进行了截留处置，并送往技术中心实验室作进一步检测。后经技术中心确认，该玉米种子中检出检疫性有害生物玉米褪绿斑驳病毒。海关依法对相关截留物进行了销毁处理。

此次检出的玉米褪绿斑驳病毒主要分布在美国、墨西哥、厄瓜多尔、秘鲁、阿根廷、泰国及部分非洲东部国家（地区）。该病毒可通过机械、种子和昆虫介体传播，扩散途径多样，防控难度高。

该病毒在自然界中通常和其他侵染禾本科的病毒复合侵染，导致玉米患致死性坏死病，发病植株由叶片黄绿斑驳、褪绿到局部坏死，直至全株死亡，严重影响玉米产量甚至造成绝收，对玉米产业打击巨大。

我国是仅次于美国的世界第二大玉米种植国，该病毒一旦传入扩散，将会使我国遭受巨大的经济和生态损失，据相关文献报道估算，该病毒对我国玉米产业潜在经济损失高达140.95亿元人民币。

近年来暴发的动植物疫病疫情显示，农业领域面临的生物安全形势十分严峻，生物安全对粮食安全、生态安全和经济社会发展影响重大，特别是生物技术在农业科研中的广泛应用，使得农业科研领域的生物安全涉及动植物重要病原生物、实验室生物安全、转基因管理等多个方面，亟待进一步加强管控，警惕农业领域的生物安全风险。

第四章

我国进出境植物繁殖材料检疫监管要求

CHAPTER 4

第一节
法律法规

◇

一、《中华人民共和国进出境动植物检疫法》及其实施条例

　　1982 年 6 月，国务院发布了《中华人民共和国进出口动植物检疫条例》，这是中国动植物检疫史上第一部比较完整、系统的检疫法规，奠定了中国进出境动植物检疫基本框架，共有 7 章 34 条，分为总则、进口检疫、出口检疫、旅客携带物检疫、国际邮包检疫、奖励和惩处、附则等，并对进出境动植物的检疫范围、检疫方法和程序、检疫处理、检疫处罚都作了明确规定。该条例对推动中国动植物检疫工作、保护农林牧渔业生产发挥了积极作用。但随着经济体制改革不断深入，中国对外贸易快速增长，技术交流和人员往来日益频繁，进出境动植物及其产品的种类、数量、贸易国别（地区）逐年上升，进出境动植物及其产品的贸易方式、进出境途径也发生了较大变化，该条例已不能适应当时的形势，农牧渔业部开始酝酿起草进出境动植物检疫法，并于 1989 年 1 月提出《中华人民共和国进出境动植物检疫法（草案送审稿）》，随后国务院经过多次征求有关部门、地区意见，并与有关部门协商研究、组织论证、反复修改，于 1991 年 10 月 30 日以中华人民共和国第 53 号主席令公布《中华人民共和国进出境动植物检疫法》（以下简称《进出境动植物检疫法》），该法于 1992 年 4 月 1 日起施行，《中华人民共和国进出口动植物检疫条例》同时废止。

　　《进出境动植物检疫法》对植物繁殖材料有很多具体规定，指导进出境的植物繁殖材料的检疫工作。如第十条规定了进境植物繁殖材料必须要有检疫审批制度；第十二条规定了进境植物繁殖材料必须提供输出国家或地区的检疫证书等材料；第十四条规定了进境植物繁殖材料检疫的场所，也提到了"隔离检疫"的相关内容；第二十八条规定了携带、邮寄植物繁殖材料的相关制度等。

《进出境动植物检疫法》的颁布和实施，是中国动植物检疫史上一个重要的里程碑，它为全国口岸动植物检疫机关依法行政提供了有力保障。对增强全民检疫意识，保护农林牧渔业生产安全和人民身体健康，推动中国动植物检疫事业发展有着极其重要的意义。

《动植物检疫法实施条例》是《进出境动植物检疫法》的完善和细化，具有更强的可操作性。如第九条规定了检疫审批手续的负责部门，第十二条和第四十条是对携带、邮寄种苗检疫审批要求的进一步细化。实施条例的施行标志着进出境动植物检疫法律体系朝着系统性和规范化的方向又迈出了坚实的一步。

二、《生物安全法》

《生物安全法》是我国国家安全治理的新法律，也是生物安全治理领域的基础性法律，由中华人民共和国第十三届全国人民代表大会常务委员会第二十二次会议于 2020 年 10 月 17 日通过，自 2021 年 4 月 15 日起施行。

生物安全属于非传统安全，包括新发突发传染病、新型生物技术误用和谬用、实验室生物安全、国家重要遗传资源和基因数据流失、生物武器与生物恐怖主义威胁等。国家生物安全防线中，第一道防线是口岸，其任务是遏制输入性生物威胁，保障本土生物安全，防范生物武器及相关生物为害；第二道防线是区域防御，需改变行政边境概念，围绕人、动物、植物及微生物等生命形态生存的生态域，开展生物为害的主动应对。

《生物安全法》第二章为生物安全风险防控体制，明确了生物安全工作协调机制，提出了要建立生物安全风险监测预警制度、风险调查评估制度、信息共享制度等多种工作制度。其中第二十三条将生物安全国家准入制度固化，填补了立法空白，既是对我国多年来生物安全防控实践经验的总结，也是将我国生物安全防控体系与国际惯例精准接轨的重要举措。

三、重要的部门规章

《进境植物繁殖材料检疫管理办法》，是为防止植物危险性有害生物随进境植物繁殖材料传入我国，保护农林生产安全，根据《进出境动植物检疫法》及其实施条例等有关法律法规的规定，由国家出入境检验检疫局

（以下简称"国家检验检疫局"）于 1999 年 12 月 9 日以 10 号令公布，定于 2000 年 1 月 1 日起施行。

为贯彻落实中共中央《深化党和国家机构改革方案》和十三届全国人大一次会议审议通过的《关于国务院机构改革方案的决定》，对因改革影响机构合法性和执法合法性的规章尽快予以修订，该管理办法经海关总署第 238 号令和第 240 号令进行了修改。

四、其他规范性文件

除了部门规章，从最早的国家动植物检疫局到现在的海关总署，相关部门多次以公告或通知的形式对进境植物繁殖材料的检疫工作进行规范和指导，主要包括：

国家动植物检疫局关于印发《进境花卉检疫管理办法》的通知（动植检植字〔1998〕4 号）；国家检验检疫局《进境植物繁殖材料检疫操作程序》（国检动〔1999〕405 号）；国家检验检疫局、农业部《关于进一步加强国外引种检疫审批管理工作的通知》（农农发〔1999〕7 号）；国家林业局、国家检验检疫局《关于更换引进林木种苗检疫审批单和启用国家林业局林木种苗检疫审批专用章的通知》（林造发〔1999〕407 号）；《关于加强进出境种苗花卉检验检疫工作的通知》（国家质量监督检验检疫总局公告 2007 年 831 号）；《关于从栎树猝死病发生国家或地区进口寄主植物检疫要求的公告》（国家质量监督检验检疫总局公告 2009 年第 70 号）；《关于采取进口植物种苗指定入境口岸措施的公告》（国家质量监督检验检疫总局公告 2009 年第 133 号）；《关于实施进口植物种苗指定入境口岸措施有关事项的通知》（国质检动函〔2010〕146 号）；《关于实施进口罗汉松植物检疫措施公告有关事项的通知》（国质检动函〔2011〕88 号）；《关于试行进境植物种苗重点关注有害生物名单及相关技术平台的通知》（质检动函〔2013〕99 号）；《关于简化检验检疫程序提高通关效率的公告》（国家质量监督检验检疫总局公告 2017 年第 89 号）；《国家质量监督检验检疫总局关于印发〈出入境检验检疫流程管理规定〉的通知》（国质检通〔2017〕437 号）；《关于取消部分产品进境动植物检疫审批的公告》（海关总署公告 2018 年第 51 号）；《关于发布〈海关指定监管场地管理规范〉的公告》（海关总署公告 2019 年第 212 号）；《关于调整部分进出境货物监管要求的公告》（海关总署公告 2020 年第 99 号）。

第二节
进境植物繁殖材料检疫监管要求

————◇————

随着进口植物繁殖材料贸易量不断增加，进境植物繁殖材料携带外来有害生物的风险越来越高。我国根据国际通行做法，对进境植物繁殖材料实施准入管理、检疫审批等检疫监管制度，加强对入境植物繁殖材料检疫监督管理。

一、检疫准入制度

检疫准入是一项国际通行规则。世界发达国家（地区）普遍依据国际条约的规定将以检疫准入为手段的技术性贸易措施纳入本国（地区）的法律之中，我国在加入 WTO 之后逐步推进了检疫准入相关工作。2021 年 4 月起实施的《生物安全法》赋予海关建立和实施生物安全国家准入、进境指定口岸、国际航行船舶压舱水监管、建立和完善进出境疫情监测和防控体系等职能，是继《中华人民共和国海关法》《进出境动植物检疫法》《中华人民共和国国境卫生检疫法》《中华人民共和国食品安全法》之后，海关部门监管与执法层面又一部重量级的上位法。国家准入制度出现在《生物安全法》第二章"生物安全风险防控体制"，这种提法在我国法言法语体系中系首次。

《生物安全法》提到了国家准入制度的对象是"动植物、动植物产品、高风险生物因子"，但该法本身并没有给出名词定义或解释。参考《进出境动植物检疫法》中的定义，植物繁殖材料应包含在其中。

检疫准入制度是指进出境动植物检疫主管部门根据中国法律、法规、规章以及国内外动植物疫情疫病和有毒有害物质风险分析结果，结合对拟向中国出口农产品的国家或地区的质量安全管理体系的有效性评估情况，准许某类产品进入中国的相关程序。检疫准入制度是 WTO/SPS 的重要措施，也是中国进境动植物检疫把关的第一道关，对于严把国门、严防疫情和不合格产品传入具有重要意义。检疫准入制度通常包含准入评估、确定检验检疫卫生条件和要求、境外企业注册、境内企业注册 4 个方面的程序和内容。进境植物繁殖材料检疫准入管理目前由多部门合作实施准入管理。

（一）准入评估

进境植物繁殖材料特许审批准入评估由海关负责。因科研等途径引进禁止进境植物繁殖材料，首次向中国输出禁止进境植物，境外官方应向中国提出解除禁止进境物申请的国家（地区），应当由其官方动植物检疫部门向海关总署提出书面申请，并提供开展风险分析的必要技术资料。海关总署收到申请后，组织专家根据《国际植物保护公约》等有关规定，遵循透明、公开、非歧视以及对贸易影响最小等原则，对其开展风险分析。

海关组织专家通过书面问卷调查或实地考察的方式，详细了解拟输出国家（地区）植物检验检疫法律法规体系、机构组织形式及其职能、防疫体系及预防措施、质量安全管理体系、安全卫生控制体系、残留监控体系、有害生物和疫病发生监测体系及其运行状况、检疫技术水平和发展动态、植物及其产品的生产方式等情况，以及拟输出产品的名称、种类、用途、进口商、出口商等信息。同时，采用定性、定量或者两者结合的方法，对输入国（地区）植物卫生体系以及潜在为害因素的传入评估、发生评估和后果评估进行综合分析，并对为害发生作出风险预测；或者对可能携带的植物有害生物进行梳理，并对潜在检疫性有害生物传入和扩散的可能性以及潜在经济影响进行评估，以确定需要关注的检疫性有害生物名单。根据风险评估的结果，确定与中国适当保护水平相一致的、有效可行的风险管理措施。

非禁止植物繁殖材料首次进口，由进口企业按业务分工向农林部门提出首次进口风险评估，由农林业务主管部门组织专家进行风险评估，相关评估方式与上述方式类同。

（二）确定检疫动植物卫生条件和要求

在风险分析的基础上，中国与输出国（地区）就进境繁殖材料的检疫卫生条件和要求进行协商，协商一致后双方签署检疫议定书或确认检疫证书内容和格式，作为开展进境动植物检验检疫工作的依据。海关总署向各直属海关通报允许进口的国（地区）的检疫准入信息，包括进境繁殖材料检疫要求、卫生证书模板、印章印模等。

（三）境外企业注册

根据《动植物检疫法实施条例》第十七条规定，中国依法对高风险动植物及其产品的境外生产加工企业实施注册登记制度，进境动植物及其产品必须来自注册登记的境外生产企业。

境外生产企业应当符合输出国（地区）法律法规和标准的相关要求，并达到与中国有关法律法规和标准的等效要求，经输出国（地区）主管部门审查合格后向海关总署推荐。海关总署对输出国（地区）官方提交的推荐材料进行审查，审查合格的，经与输出国（地区）主管部门协商后，海关总署派出专家到相关国（地区）对其安全监管体系进行现场考察，并对申请注册登记的企业进行抽查。对经检查不符合要求的企业，不予注册登记，并向输出国（地区）主管部门通报原因；对经检查符合要求的及未被抽查的其他推荐企业，予以注册登记，并在海关总署官方网站上公布。

对已获准向中国输出相应产品的国家（地区）及其获得境外注册登记资格的企业，海关总署应派出专家到输出国（地区）对其生产安全监管体系进行回顾性审查，并对申请延期的境外生产企业进行抽查，对经检查符合要求的及未被抽查的其他境外生产企业，延长注册登记有效期。

二、境外预检制度

境外预检是根据双边动植物检疫议定书的要求，结合进境动植物及其产品的检疫工作需要，中国派出检疫官员到输出动植物及其产品的国家（地区）配合实施出口前的检疫工作。进境动植物境外预检是进境动植物检疫工作中一项非常重要的措施和手段，对防止动物疫病和植物有害生物传入，保护我国农业生产安全和生态安全起到了积极有效的作用。

境外预检的程序一般包括：企业申请、海关总署组织专家进行任务派遣、出境前准备、实施产地考核预检、完成预检记录、结果评定和撰写预检报告等。在国外执行产地检疫任务时，预检人员对外代表中国检验检疫机构，按照双边或多边检疫协议的要求，配合输出国（地区）动植物检疫机关执行双边检疫协议，落实议定书规定的检疫要求，确保向中国输出的植物繁殖材料符合协议的规定。在境外预检工作期间，预检人员与输出国（地区）主管部门联系，商订检疫计划，了解输出国（地区），尤其是输出植物繁殖材料生产地的疫情，参与农场检疫，掌握实验室检测情况等，对预检过程中发现的问题按照检疫协议的规定及时与输出国（地区）有关方面协商解决，最后确认出口检疫证书内容，以全面反映协议规定要求。已开展境外预检的植物繁殖材料种类主要有罗汉松、葡萄苗、马铃薯种薯及部分种球等。

预检人员在外工作期间须及时向海关总署汇报工作进展。在发生与输出国（地区）动植物检疫机构对双边协议有不同解释，影响协议的正常执行；或输出国（地区）不能完全按照检疫协议执行，需要更改、补充或者取消检疫协议内容；或输出国（地区）发生重大动植物疫情疫病；或需要更改运输路线、运输方式；或对检疫结果的判定有分歧，不能取得一致意见等重要情况时，预检人员不能协商解决的，应及时向海关总署请示。必要时，由海关总署与输出国（地区）动植物检疫机构直接协商解决，以确保检疫协议条款和要求全面落实，保障进境植物繁殖材料不携带为害国内农林牧渔业生产的有害生物。

三、检疫审批制度

进境动植物检疫审批制度是国家动植物检疫主管部门依照《进出境动植物检疫法》及其实施条例的有关规定，根据风险分析结果，对部分风险较高的拟输华动植物及其产品进行审查，最终决定是否批准其进境的过程。检疫审批是动植物检疫的法定程序之一，是在进境动植物及其产品和其他检疫物在入境之前实施的一种预防性动植物检疫措施。检疫审批的目的是保护国内农、林、牧、渔业的生产安全，降低外来动植物疫情疫病随进境动植物及其产品和其他检疫物传入的风险，也是世界各国（地区）普遍采用的通行做法。

《进境植物繁殖材料检疫管理办法》中，对进境植物繁殖材料的检疫审批有着明确且详细的规定，具体如下。

输入植物繁殖材料的，必须事先办理检疫审批手续，并在贸易合同中列明检疫审批提出的检疫要求。进境植物繁殖材料的检疫审批根据以下不同情况分别由相应部门负责：

1. 因科学研究、教学等特殊原因，需从国外引进禁止进境的植物繁殖材料的，引种单位、个人或其代理人须按照有关规定向海关总署申请办理特许检疫审批手续。

2. 引进非禁止进境的植物繁殖材料的，引种单位、个人或其代理人须按照有关规定向国务院农业或林业行政主管部门及各省、自治区、直辖市农业（林业）厅（局）申请办理国外引种检疫审批手续。

3. 携带或邮寄植物繁殖材料进境的，因特殊原因无法事先办理检疫审批手续的，携带人或邮寄人应当向入境口岸所在地直属海关申请补办检疫审批手续。

4. 因特殊原因引进带有土壤或生长介质的植物繁殖材料的，引种单位、个人或其代理人须向海关总署申请办理输入土壤和生长介质的特许检疫审批手续。

海关总署在办理特许检疫审批手续时，根据审批物原产地的植物疫情、入境后的用途、使用方式，提出检疫要求，并指定入境口岸。入境口岸或该审批物隔离检疫所在地的直属海关对存放、使用或隔离检疫场所的防疫措施和条件进行核查，并根据有关检疫要求进行检疫。

为进一步优化口岸营商环境，促进跨境贸易便利化，2018 年 10 月，海关总署、农业农村部、国家林业和草原局发布联合公告，决定对《国（境）外引进农业种苗检疫审批单》和《引进林木种子、苗木检疫审批单》实施电子数据联网核查。农业农村、林业和草原管理部门根据相关法律法规的规定签发证件，实时将证件电子数据传输至海关，海关在通关环节进行比对核查，并按规定办理进口手续。联网核查工作有效打通了监管证件验核办理手续环节多、速度慢、企业多头跑路等堵点，助力提高进境植物繁殖材料产品的通关效率。

四、指定入境口岸制度

指定入境口岸制度是指海关总署根据不同动植物及其产品携带、传入动植物疫情疫病的风险，结合某类动植物及其产品的贸易需求，指定某类动植物及其产品从具备相应设施设备、检验检疫专业人员和实验室检测技术能力等条件的特定口岸入境，并由该口岸实施检疫的管理措施。实践证明，对进境动植物及其产品实施指定入境口岸制度，是防范外来有害生物传入的有效措施，也是国际通行做法。

根据《关于采取进口植物种苗指定入境口岸措施的公告》（国家质量监督检验检疫总局公告 2009 年第 133 号）要求，从 2010 年 4 月 1 日起对进境种苗实施指定入境口岸管理措施，并陆续发布了全国进境种苗指定口岸名单。2018 年机构改革后，为了适应新的监管要求，海关总署于 2019 年发布了《海关总署关于发布〈海关指定监管场地管理规范〉的公告》（海关总署公告 2019 年第 212 号），提出了进境种苗指定监管场地的要求。进境种苗指定监管场地是指符合海关监管作业场所（场地）的设置规范，满足动植物疫病疫情防控需要，对进境种苗实施查验、检疫的监管作业场地。

地方政府根据口岸发展需要，组织开展进境种苗指定监管场地设立的可行性评估和立项，并统筹规划和组织建设。海关总署在直属海关预验收的基础上组织考核验收，验收合格的，海关总署将新批准的指定监管场地信息维护进指定监管场地名单，并在海关总署门户网站公布。经公布的指定监管场地可正式承载进境植物繁殖材料的海关监管业务。

五、口岸查验制度

口岸查验制度是以动植物检疫法律法规制度为依据，对进出境法定检疫物进行货证查对和抽样送检的官方行为，是在货物抵达目的地时采取的阻止疫情疫病传入的强制性行政措施。其作用在于尽最大可能把疫情疫病和不合格产品拒于国门之外。

口岸查验制度包括现场动植物检疫查验、抽采样品及实验室检测 3 个核心环节。

（一）现场动植物检疫查验

现场动植物检疫查验是指进出境应检物抵达口岸时，关员依法登船、登车、登机或到货物停放地现场进行动植物检疫的行为。植物繁殖材料种类多样，包括种子、苗木、鳞球块茎（根）、试管苗等，要求根据口岸类型（陆路口岸、海港口岸、空港口岸）、检疫形式（进境检疫和过境检疫）的不同而略有差异，其主要内容包括核查货证和检疫查验。

1. 核查货证

核查货证是查验的必要步骤，核对品名、品种、数量、唛头、批号等是否与申报相符。在确定检疫物与证书和申报一致的情况下才能进行有效的检疫查验。

2. 检疫查验

检查包装、铺垫材料、集装箱有无黏附土壤、害虫及杂草籽等，同时应对照双边议定书、检疫审批单或许可证列明的有害生物，警示通报或相关规定涉及的有害生物，有针对性地进行查验。根据货物种类不同，检疫重点有所不同。种子：重点检查货物是否带有土壤、害虫、病瘿、菌瘿、杂草籽、植物残体和有害生物为害状。苗木：重点检查根部是否带有土壤，是否有明显病症、病状；地上部分是否有病斑、畸形、矮化、害虫、介壳虫、螨类、软体动物和其他异常；芽眼处是否有腐烂、肿大、干缩等异常；叶部是否有花叶、病斑、畸形、霉层等病症和病状。鳞球块茎（根）：重点检查是否带有土壤、腐烂、开裂、疱斑、肿块、芽肿、畸形、害虫、虫蚀洞和杂草籽等；带栽培介质的，检查是否带有土壤、害虫、螨类、软体动物、植物残体等。试管苗：重点检查培养基是否有霉变、异色等现象；幼苗是否有斑点、花叶、畸形、干焦等症状；容器是否有破裂和污染迹象等。现场发现异常情况且情节严重的，注意留下影像资料。需要注意的是，检疫的目的是尽量发现所有的检疫风险并及时排除，避免为害国内农林牧渔业生产，所以检疫查验过程中不能仅仅依据布控指令进行查验，而应尽可能将所有检疫风险进行排查，发现异常及时处置。

（二）抽采样品

现场检疫发现的土壤、害虫、病瘿、菌瘿、杂草籽、植物残体，以及有有害生物为害状的货物送实验室检测；现场未发现异常情况的，按风险评估情况和布控要求进行抽采样品。抽采样品的数量按总署有关要求执行。

（三）实验室检测

有标准规定的，按照有关国家标准、行业标准、国际权威机构的标准进行鉴定。

无具体标准的，根据有害生物的生物学特性，参考以下方法进行鉴定：

昆虫：采用挑拣、过筛、浸泡、加热、解剖、染色或培养等方法进行鉴定。

真菌：挑拣的病瘿、菌瘿和病粒及植物残体，采用切片、透明染色后进行镜检；采用洗涤液离心检查沉淀物；采用血清学方法直接进行鉴定；采用（冷冻）吸水纸、选择性或半选择性培养基等进行病菌分离培养；根据形态学、血清学、分子生物学等特征特性和（或）致病性进行鉴定。

细菌：采用选择性或半选择性培养基进行病菌分离培养，采用洗涤液（浸出物）进行血清学或分子生物学检测；根据过敏性反应、噬菌体、血清学、微生物鉴定系统等生化特征、分子生物学特性等进行鉴定。

病毒类：采用血清学、分子生物学和（或）指示植物等生物学方法进行鉴定。

线虫：采用漂浮、过筛、漏斗等方法进行分离，使用直接剖检和分子生物学等方法进行鉴定。

杂草籽：过筛或直接挑拣进行鉴定等。

其他如转基因检测等项目按布控要求和各级职能部门发文要求执行。

六、隔离检疫制度

隔离检疫制度是将进境动植物限定在指定的隔离场圃内饲养或种植，在其饲养或生长期间进行检疫、观察、检测和处理的一项强制性措施，是有效控制高风险的动物传染病、寄生虫病和植物有害生物传入，保护农业生产安全、生态安全的法定检疫行政行为。

20 世纪 80 年代初，为加强进境动植物检疫工作，国务院发布了《中华人民共和国进出口动植物检疫条例》，以立法形式对进境动植物采取隔离检疫的强制性措施，隔离检疫制度框架基本形成。随着业务发展，隔离检疫制度不断健全完善。1999 年，《进境植物繁殖材料检疫管理办法》和《进境植物繁殖材料隔离检疫圃管理办法》发布，对进境植物的隔离检疫对象、隔离检疫要求和隔离检疫圃分级等作了明确规定，进境植物繁殖材料的隔离检疫制度初步形成并逐步完善。

（一）隔离检疫圃

从事进境植物繁殖材料隔离工作的隔离检疫圃须通过检验检疫机构的考核和核准。依据隔离条件、技术水平和运作方式划分，隔离检疫圃分为国家隔离检疫圃、专业隔离检疫圃和地方隔离检疫圃 3 类。国家隔离检疫圃承担进境高、中风险植物繁殖材料的隔离检疫工作；专业隔离检疫圃承担因科研、教学等需要引进的高、中风险植物繁殖材料的隔离检疫工作；地方隔离检疫圃承担中风险进境植物繁殖材料的隔离检疫工作。但因实际贸易需要，部分中等风险的进境植物繁殖材料可以在经检验检疫机构考核合格的指定隔离检疫圃中实施隔离检疫。

（二）口岸调离

需要调离至入境口岸所在地直属海关辖区外进行隔离检疫的，入境口岸海关凭隔离检疫所在地直属海关出具的同意调入函予以调离。海关总署大力发展信息化改革，目前"进境种苗检验检疫管理系统"已在部分直属海关上线运行，引种单位只需坐在电脑前进行简单操作，就能完成审批单备案、准调入函的申请等工作。

（三）隔离期限

进境植物繁殖材料的隔离种植期限按海关、农业、林业等部门签发的检疫审批单所明确的隔离检疫期限执行。一般情况下，一年生植物繁殖材料至少隔离种植一个生长周期；多年生植物繁殖材料一般隔离种植 2～3 年。因特殊原因，在规定时间内未得出检疫结果的可适当延长隔离种植期限。

（四）隔离种植期检疫

隔离检疫圃严格按照所在地海关核准的隔离检疫方案按期完成隔离检疫工作，并定期向所在地海关报告隔离检疫情况，接受检疫监管。负责隔离检疫的海关应根据不同植物繁殖材料上可能发生的目标有害生物的生物学特性，确定隔离检疫期间的疫情调查时间和次数。疫情调查采取重点检查和随机抽查相结合的方法进行。采集的样品要及时送实验室进行检测。隔离检疫期间，使用人应当妥善保管隔离植物繁殖材料，未经海关同意，不得擅自将正在进行隔离检疫的植物繁殖材料调离、处理或作他用。隔离检疫圃内，同一隔离场地不得同时隔离两批（含两批）以上的进境植物繁殖材料，不准将与检疫无关的植物种植在隔离场地内。若发现疫情，须立即报告所在地海关，并采取有效防疫措施。隔离检疫结束后，隔离检疫圃出具隔离检疫结果和报告。隔离检疫圃所在地海关根据口岸检疫查验结果、隔离检疫结果作出结果评定并出具相关证单。

（五）疫情处理

隔离检疫期间发现检疫性有害生物的，立即采取必要的措施，重大疫情按照相关要求进行处置，防止疫情扩散。发现检疫性有害生物、限定的非检疫性有害生物超过有关规定且无有效处理方法的，销毁全部植物繁殖材料；可进行有效处理的，按照相关规定处理。

（六）后续处理

隔离检疫结束后，所有包装材料及废弃物应进行无害化处理。隔离检疫圃在完成进境植物繁殖材料隔离检疫后，对进境植物繁殖材料的残体作无害化处理，在隔离场地使用前后，对用具等进行消毒处理。

七、检疫处理制度

检疫处理是指海关对违规入境或经检疫不合格的进出境动植物、动植物产品和其他检疫物，采取除害、扑杀、销毁、不准入境或出境或过境等强制性措施，是动植检把关的重要环节，是防范外来有害生物和疫情疫病传入传出的必要手段，直接关系到把关有效性，关系到农业生产安全、生态环境安全和外贸发展。

检疫处理是官方行为或官方授权的行为，是受法律、法规制约的行为，必须按一定的规程实施。检疫处理的实施对象是经检疫发现带有国家法律法规规定禁止入境的疫病疫情以及有害生物的动植物、动植物产品及其他检疫物。在我国检疫处理的概念中，它既包含了除害处理等技术性处理措施，又包含了行政处理措施，如销毁、退回或截留、转口、不准出境和不准过境等，而这些处理措施的采用均突出了国家法律法规的强制性，也就是一种官方行为。

在保证植物病虫害不传入或传出国境的前提下，要尽量减少经济损失，保障对外贸易健康发展。为了保证检疫处理顺利开展，达到预期目的，检疫处理必须符合进出境植物检疫相关法律法规的有关规定，处理方法必须完全有效、能彻底消灭有害生物，完全杜绝有害生物的传播和扩散。处理方法还应当安全可靠，保证货物中无残毒，又不污染环境，还应保证植物繁殖材料的存活能力和繁殖能力，不降低植物产品的品质和商业价值，不污染其外观。处理措施应设法使处理所造成的损失降低到最小，能作除害灭病处理的，尽可能不进行销毁处理。无法进行除害处理或除害处理无效的，或法律有明确规定的，要坚决作销毁或者退回等处理。作出销毁处理决定后，应尽快实施，以免疫情进一步扩散。

八、国门生物安全监测

《生物安全法》明确规定，国家建立生物安全风险监测预警制度。全面实施口岸植物疫情风险监测，健全海关植物疫情风险监测预警体系，是深入贯彻落实习近平总书记重要讲话精神的必然要求，也是落实《生物安全法》和《中华人民共和国进出境动植物检疫法》及其实施条例的应有之义。海关总署要求各级海关从落实总体国家安全观、维护国家安全的战略高度，全面加强口岸植物疫情风险监测工作，完善监测体系，优化监测网络，构建科学、高效的监测预警机制，增强风险研判和预警能力，进一步筑牢口岸检疫防线。

国门生物安全监测主要包括以下内容。

（一）境外植物疫情信息监测

境外植物疫情信息监测是跟踪境外植物疫情发生动态，及时对境外突发植物疫情开展风险评估、发布风险预警和采取预防措施的重要手段。

（二）口岸截获植物疫情监测

口岸截获植物疫情监测是根据口岸植物疫情截获情况，及时开展风险评估、发布风险预警和调整口岸检疫措施的重要手段。

（三）非贸渠道植物疫情和外来物种监测

随着国际人员交往日益频繁和跨境电商等新业态发展，非贸渠道植物疫情和外来入侵物种风险与日俱增。非贸渠道植物疫情和外来物种监测是防止植物有害生物和外来物种传入、及时了解国外疫情发展情况以及制定应对措施的重要手段。

（四）外来有害生物监测

外来有害生物监测是及时发现外来入侵物种并第一时间根除疫情的重要手段。同时，根据输入国家（地区）要求开展有害生物监测，为我国特色农产品顺利出口提供了技术支持。根据海关总署要求，在进口种子、苗木及花卉后续监管过程中须开展疫情调查和监测，在进境种苗查验场站、隔离苗圃等地开展红火蚁、番茄褐色皱果病毒、马铃薯纺锤块茎类病毒属等监测工作。

第三节
出境植物繁殖材料检疫监管要求

————————◇————————

为适应中国农产品对外贸易的迅速发展，有效应对国外技术性贸易措施，出入境检验检疫机构逐步健全并完善了出境植物繁殖材料检疫管理制度。这些制度为进一步提升出境植物繁殖材料质量安全水平，增强出口产品国际市场竞争力，以及满足新形势下出口植物繁殖材料检疫监管实际需求提供了保障。

一、注册登记

出入境检验检疫机构对出境的动植物及其产品和其他检疫物的生产、加工、存放单位实行注册登记制度，依法对其资质、安全卫生防疫条件和质量管理体系进行考核确认，并对其实施监督管理。作为一项具体行政执法行为，其目的是从源头控制出口动植物及其产品和动植物源性食品质量安全，破解国外贸易性技术壁垒，维护国家利益和形象，提高农产品在国际市场的竞争力。

随着对产品质量安全控制认识水平的不断深入，对"出境动植物及其产品、其他检疫物的生产、加工、存放单位"实施注册登记的管理手段被世界各国（地区）广泛认同并用于产品质量安全监管。

欧盟、美国等国家（地区）对进境种苗花卉要求输出国（地区）官方实施注册登记管理，我国根据输入国（地区）相关要求，自20世纪90年代起由当时的出入境动植物检疫局相继开展对输美、输加、输欧盆景和种苗的注册登记管理。近年来，出口种苗贸易国家（地区）和数量日趋增多，由于出口种苗疫情复杂，相关进口国（地区）检疫要求高且不透明，造成出口种苗花卉被境外违规通报的批次越来越多，境外对进境种苗花卉实施退运或销毁处理，不仅造成了出口企业的巨大经济损失，也在一定程度上影响我国对外检疫信誉。为全面提升出口种苗花卉的产品质量，降低出口企业经济损失风险，国家质量监督检验检疫总局于 2007 年 12 月 1 日起，对出境种苗花卉生产经营企业实施注册登记管理，未经注册登记的种苗花卉生产企业不得出口相关产品。从事出境种苗花卉生产经营企业要建立种苗花卉种植、加工、包装、储运、出口等全过程质量安全保障体系，完善溯源记录，推行节能、节水、环保的生产方式，加强对有害生物的监测与控制，采取有效措施防止病虫害发生与传播扩散；建立产品进货和销售台账，且至少保存 2 年。进货台账包括货物名称、规格、数量、来源国（地区）、供货商及其联系方式、进货或进口时间等，销售台账包括货物名称、规格、数量、输入国（地区）、收货人及其联系方式、出口时间等。

从事出境种苗花卉生产经营企业，应向所在地海关申请注册登记，填写《出境种苗花卉生产经营企业注册登记申请表》并提交相关证明材料。海关要对提交的申请材料进行审核，并按照相关注册登记要求组织考核。考核合格的，颁发出境种苗花卉生产经营企业检疫注册登记证书，注册登记证书有效期 3 年，企业到期前应提出延期申请。

出境种苗花卉生产企业的种植基地应符合以下要求：

1. 应符合我国和输入国家或地区规定的植物卫生防疫要求。

2. 近两年未发生重大植物疫情，未出现重大质量安全事故。

3. 应建立完善的质量管理体系。质量管理体系文件包括组织机构、人员培训、有害生物监测与控制、农用化学品使用管理、良好农业操作规范、溯源体系等有关资料。

4. 建立种植档案，对种苗花卉来源流向、种植收获时间，有害生物监测防治措施等日常管理情况进行详细记录。

5. 应配备专职或者兼职植保员，负责基地有害生物监测、报告、防治等工作。

6. 符合其他相关规定。

出境种苗花卉生产企业的加工包装厂及储存库应符合以下要求：

1. 厂区整洁卫生，有满足种苗花卉储存要求的原料场、成品库。

2. 存放、加工、处理、储藏等功能区相对独立、布局合理，且与生活区采取隔离措施并有适当的距离。

3. 具有符合检疫要求的清洗、加工、防虫防病及必要的除害处理设施。

4. 加工种苗花卉所使用的水源及使用的农用化学品均须符合我国和输入国（地区）有关卫生环保要求。

5. 建立完善的质量管理体系，包括对种苗花卉加工、包装、储运等相关环节的疫情防控措施、应急处置措施、人员培训等内容。

6. 建立产品进货和销售台账，种苗花卉各个环节溯源信息要有详细记录。

7. 出境种苗花卉包装材料应干净卫生，不得二次使用，在包装箱上标明货物名称、数量、生产经营企业注册登记号、生产批号等信息。

8. 配备专职或者兼职植保员，负责原料种苗花卉验收、加工、包装、存放等环节防疫措施的落实、质量安全控制、成品自检等工作。

9. 有与其加工能力相适应的提供种苗花卉货源的种植基地，或与经注册登记的种植基地建有固定的供货关系。

10. 符合其他相关规定。

上述注册登记相关要求是海关总署针对出境种苗花卉生产企业的普遍要求，对输入国（地区）有注册登记要求的，应按境外检疫要求对企业进行特别注册登记，相关境内注册登记企业名单报海关总署备案，并通报境外官方检疫机构。如2008年欧盟因我国输欧槭属植物星天牛事件出台检疫修正案，对我国输欧星天牛寄主植物实施禁入措施。经国家质量监督检验检疫总局积极对外交涉，欧盟官方2010年和2012年两次赴我国进行检疫体系考核，并于2012年解禁我国星天牛寄主植物出口。

相关产品的检验检疫工作程序是出境种苗花卉检验检疫工作的重要依据和参考，便于海关工作人员对相关产品开展针对性的出口检疫。

二、种植期监管

种植基地所在地海关负责出境种苗花卉种植期间的监管工作。为确保企业出口种苗花卉质量管理体系持续有效运行，种植期间监管工作主要包括以下几个方面：

1. 目的国（地区）有明确种植时间要求的，出境种苗花卉的种植时间必须符合相关国家（地区）的要求，如输往欧盟的盆栽植物种植时间至少为2年。

2. 出境种苗花卉生产加工经营企业是否建立完善的追溯体系，如实、完整记录种苗花卉种植等情况。所有台账至少保存2年。

3. 出境种苗花卉生产加工经营企业是否及时将出境种苗花卉种植期间的有害生物发生等情况及时报告所在地海关。

4. 种植基地所在地海关对出境种苗花卉种植过程中有害生物发生情况开展调查。

5. 种植期间或疫情调查时发现重大植物疫情的，所在地海关按海关总署有关进出境重大植物疫情应急处置预案要求进行处置。

三、现场检疫及出证

现场查验出境货物的产地、品种、件数、重量、包装唛头等是否与申报相符，是否混有输入国（地区）禁止进境的植物，检查所采用的包装材料是否符合输入国（地区）的检疫要求。对在相关证书上有特殊要求和申明的，如要求切花切叶进行失活处理、种植环境描述、有毒有害物质监测的，应提前到种植基地进行调查抽样，样品进行实验室检验和验证。

检查植株根部是否冲洗干净、有无残余土壤、是否有病和钻蛀性害虫及烂根或根结；检查植株茎部有无钻蛀性害虫为害，叶片和枝条有无感染介壳虫、蚜虫、蓟马等害虫，有无病斑、枯枝等病害症状，植株是否黏附有蜗牛、蛞蝓、螺等软体动物。重点加强根部和茎部的贸易国（地区）关注的检疫性有害生物的检查，必要时进行解剖检查。

种苗花卉携带很多有害生物，根据 SPS 协定和国际植物检疫措施标准第 7 号《出口验证体系》和第 12 号《植物检疫证书准则》，世界各国（地区）对进境种苗基本都提出植物检疫证书要求，对花卉的证书要求因国（地区）而异，主要贸易对象如日本、美国、欧盟、韩国等国家（地区）均有较为严格的检疫要求，总体来说目前我国主要种苗花卉贸易国家（地区）的检疫要求较高。进出口种苗花卉涉及植物证书主要有植物检疫证书（格式 c5~1）、植物检疫证书（格式 c9~5）、植物转口检疫证书（格式 c5~2）。种苗花卉出具植物检疫证书重点在出口植物检疫证书（格式 c5~1），除相关内容符合植物检疫证书签证要求外，特别要关注根据输入国家（地区）检疫要求，对特定种苗花卉增加相应附加声明条款。由于各国家（地区）检疫法规更改较为频繁，很难实时掌握相关出口种苗花卉检疫要求和附加声明条款，对辖区出口的新种苗花卉品种，建议由出口商联系进口商对相应内容进行确认，避免无效证书的出具。

第五章

国际组织及主要贸易国家（地区）植物繁殖材料检疫要求

CHAPTER 5

植物繁殖材料因鲜活且具备繁殖能力等特点，极易携带有害生物，具有较高检疫风险。针对植物繁殖材料，相关国际组织及世界各国（地区）相继制定和实施了一系列较为严格的法律法规、技术标准和检疫措施。本章对国际组织及主要贸易国家（地区）繁殖材料检疫要求进行系统介绍，旨在提升我国植物繁殖材料检疫工作水平，应对国际技术性贸易措施，保障产业健康稳定发展。

第一节
进出境植物繁殖材料
相关国际标准及检疫要求

————————◇————————

国际植物保护公约（IPPC）是全球广为认可的植物保护多边协议和协调机制，并被 WTO/SPS 认可，在保护植物资源免受有害生物侵害、促进贸易便利方面发挥着举足轻重的作用。中国于 2005 年 10 月加入该公约，成为公约第 141 个缔约方。随着经济全球化的发展和我国农产品进出口贸易的快速发展，特别是共建"一带一路"倡议和农业"走出去"战略的实施，我国进出口贸易受 IPPC 的影响越来越大，了解和掌握相关植物检疫措施标准，对做好进出境植物繁殖材料检疫相关工作，保障我国相关产品顺利出口具有重要意义。

▌ 一、国际植物检疫措施标准

国际植物检疫措施标准（International Standards of Phytosanitary Measures，ISPMs）是 IPPC 秘书处组织制定的国际标准，ISPMs 由 IPPC 植物检疫措施委员会通过，分发给所有成员及区域植物保护组织执行，是各成员进行植物和植物产品国际贸易的指南和标准，目的在于使各国（地区）采取协调措施控制有害生物在植物和植物产品全球贸易过程中的传播扩散。其中与进出境植物繁殖材料密切相关的标准主要包括《植物检疫出证系统》（ISPM7）、《植物检疫证书》（ISPM12）、《国际贸易中的脱毒马铃薯（茄属）微繁材料和微型薯》（ISPM33）、《入境后植物检疫站的设计和操作》（ISPM34）、《种植用植物综合措施》（ISPM36）、《种子的国际运输》（ISPM38）、《种植用植物相关生长介质的国际运输》（ISPM40）。下面重点介绍其中几种。

(一)《国际贸易中的脱毒马铃薯（茄属）微繁材料和微型薯》（ISPM33）

在世界范围内，许多有害生物均与马铃薯（*Solanum tuberosum*）及相关的块茎形成物种生产有关。马铃薯主要是通过无性方式繁殖，所以通过国际贸易马铃薯种薯引入和传播有害生物的风险非常大。经过适当检验的材料和使用适当植物检疫措施生产的马铃薯微繁材料应被视为没有限定的有害生物。用这类材料作为起始材料进一步生产马铃薯，可以降低引入和传播限定的有害生物的风险。在特定的保护条件下，可繁殖马铃薯微繁材料以生产微型薯。如果微型薯是在脱毒条件下利用脱毒微繁材料生产的，微型薯也可进行贸易而且风险最小。

2010年3月，IPPC植物检疫措施委员会第五届会议批准此标准。该标准旨在为国际贸易中的脱毒马铃薯（及相关的块茎形成物种）微繁材料和微型薯的生产、保存及植物检疫认证提供指南。该标准不适用于田间种植的马铃薯繁殖材料或用以消费或加工的马铃薯。

马铃薯微繁材料：块茎形成马铃薯的试管植株。

微型薯：在特定保护条件下的设施中，由脱毒生长介质中的马铃薯微繁材料生长的块茎。

马铃薯种薯：用于种植的栽培块茎形成马铃薯块茎（包括微型薯）和马铃薯微繁材料。

该标准要求用于生产出口的马铃薯微繁材料和微型薯的设施，必须由出口国（地区）的国家植物保护机构（National Plant Protection Organization，NPPO）授权或直接运营。在马铃薯微繁材料和微型薯贸易中，进口国（地区）植物保护机构开展的有害生物风险分析（PRA）应对培育限定有害生物的植物检疫输入要求提供说明。管理马铃薯微繁材料相关风险的植物检疫措施包括进口国（地区）限定的有害生物检验以及保存与繁殖源自密闭无菌条件下生产的脱毒候选植株的马铃薯微繁材料的管理系统。就微型薯的生产而言，上述措施包括脱毒马铃薯微繁材料的繁殖和无疫生产点的生产。为了培育脱毒马铃薯微繁材料，候选植物应由NPPO

授权或运营的检测实验室进行检验，以确保进入保存和繁殖设施内的所有材料都没有进口国（地区）限定的有害生物。用于培育脱毒马铃薯微繁材料和无疫检验的设施须符合严格要求，以防止材料的污染或感染。脱毒马铃薯微繁材料的保存和繁殖及微型薯的生产设施也要保持严格的无疫状态。所有设施均应进行官方审核，以确保持续达到要求。此外，检查应确保马铃薯微繁材料和微型薯达到进口国（地区）的植物检疫输入要求。用于国际贸易的脱毒马铃薯微繁材料和微型薯均应具有植物检疫证书。

(二)《入境后植物检疫站的设计和操作》（ISPM34）

输入的植物可能传带检疫性有害生物，针对此类商品制定植物检疫措施时，NPPO 应根据风险管理原则采取措施。为了评估有害生物风险并确定植物检疫措施，应进行有害生物风险分析。对于植物繁殖材料，由于无法在入境时检查货物中有无检疫性有害生物，NPPO 可决定对该货物实施隔离检疫，以便检测有无有害生物，观察相关症状，必要时进行适当处理。检疫站进行隔离的目的是防止植物携带的有害生物扩散，检查、检测、处理和鉴定等工作结束后，该货物可视情况作放行、销毁或保留作为参照材料处理。

2010 年 3 月，IPPC 植物检疫措施委员会第五届会议批准该标准。该标准旨在制定入境后检疫站设计和操作的一般准则，检疫站用于封闭存放输入的植物，主要是种植用植物，以便检查其是否被检疫性有害生物侵染。

该标准要求输入国（地区）的 NPPO 根据有害生物风险分析结果，确定是否需要入境后检疫以控制有害生物风险。如果某种检疫性有害生物很难检测，或需要通过田间观察症状等，在检疫站中封存货物是一种必要的植物检疫措施。检疫站要确保植物可能携带的任何检疫性有害生物能适当隔离，避免传播扩散，还需要确保植物的存放方式便于对植物开展田间观察、研究以及进一步的检查、检验和处理。检疫站可由大田、网室、玻璃温室和（或）实验室组成。所用设施应根据输入植物及可能携带的检疫性有害生物确定。

(三)《种植用植物综合措施》（ISPM36）

有害生物风险分析结果通常作为确定采取何种植物检疫措施的依据，

以便将有害生物对输入国（地区）风险降至可接受水平。种植用植物比其他限定物具有更高的携带有害生物的风险，因此有必要制定国际植物检疫措施标准以应对种植用植物传播有害生物风险。

2012年3月，IPPC植物检疫措施委员会第七届会议批准此标准。该标准主要规定了国际贸易中种植用植物（不包括种子）在产地生产时所确定和采用的综合措施，旨在帮助确定和管理通过种植用植物途径传播有害生物的风险，确保达到进口植物检疫要求。

该标准中综合措施主要涉及NPPO和生产者，并要求在生产到销售全过程中采取有害生物风险管理措施。综合措施由输出国（地区）NPPO制定和实施，常规综合措施包括对产地进行备案、对植株实施检验、记录存档、有害生物处理和卫生要求等。输出国（地区）的NPPO应对采取综合措施的产地实施审批和监督并对货物签发植物检疫证书，证明其符合输入国（地区）植物检疫要求。

通过该标准制定的产地实施的综合措施，不仅要求输出国（地区）NPPO参与，还要求生产者在种植用植物的生产过程中参与，以有效防范进出口检疫过程风险。这些风险主要包括：有害生物没有引起明显的症状，特别是有害生物数量较少时；现场检疫时感染症状呈潜伏状态或未被发现；小型昆虫或虫卵隐藏于树皮内或鳞芽内；货物包装的类型、规格和物理形态影响现场检疫有效性；对某些有害生物特别是病原微生物，缺乏有效检测手段。通过制定综合措施实施准则，最大限度减少有害生物在国际上传播，从而达到保护生物多样性和环境的目的。

（四）《种子的国际运输》（ISPM38）

国际运输的种子有多种用途，可以种植用于生产食物、饲料、观赏植物、生物燃料、纤维、林业和医药等，也可用于研究、育种和繁种。种子和其他种植用植物一样存在传播有害生物的风险。种子的国际运输传带的有害生物定殖和扩散可能性极高。

2017年4月，IPPC植物检疫措施委员会第十二届会议批准该标准。该标准在查明、评估和管理国际运输的种子伴随的有害生物风险方面为NPPO提供指导，同时也为促进种子国际运输确定进口植物检疫要求，种子的检查、抽样和测试，以及种子的输出和转口植物检疫出具证书等提供程序指导。该标准不适用粮食或植物营养体部分（如马铃薯块茎）。

种子因商业和科研目的进行国际运输，当评估有害生物风险和确定适当的植物检疫措施时，NPPO 应考虑种子的预定用途。有害生物风险分析（Pest Risk Analysis，PRA）应当确定在有害生物风险分析区域，种子是否是检疫性有害生物进入、定殖和扩散及其潜在经济影响的传播途径，或者种子本身是否是有害生物或是限定的非检疫性有害生物的传播途径和主要侵染源。有害生物风险分析应当考虑种子引进的目的，检疫性有害生物被引进和扩散的潜在风险，限定性非检疫性有害生物超过经济阈值时引起的不可接受的经济影响。特定的植物检疫措施可以降低国际运输的种子有害生物风险，包括种植前、种植期间、种子收获期、种子收获后、种子加工期间、种子储藏和运输期间以及到达输入国（地区）后采取的植物检疫措施。

该标准的制定有助于管理种子国际运输引起的有害生物传播和扩散风险，防范外来入侵物种引起的有害生物风险，保护生物多样性。

(五)《种植用植物相关生长介质的国际运输》（ISPM40)

土壤作为一种生长介质，可携带大量检疫性有害生物，被视为高风险传播途径，其他生长介质也被视为检疫性有害生物传入和扩散的途径。一些植物只有依靠生长介质才能在国际运输过程中存活，因此有必要对种植用生长介质的国际运输制定相关植物检疫标准。

2017 年 4 月，IPPC 植物检疫措施委员会第十二届会议批准该标准。该标准为种植用植物相关生长介质的有害生物风险评估提供指导，介绍种植用植物相关生长介质在国际运输中的植物检疫措施。该标准不涉及作为单独商品、商品污染物或用作包装材料的生长介质。

该标准制定了种植用植物相关生长介质有害生物风险管理方案，包括检查、取样、检测、检疫、处理和禁止等植物检疫措施。种植用植物相关生长介质的来源和生产方法会影响其携带有害生物的风险。生长介质应避免在污染或侵染的条件下生产、储存和使用，生长介质在使用前视情况需要进行适当处理。

该标准可显著降低与生长介质有关的检疫性有害生物的传入和扩散，减少负面影响。此外，该标准所采取的植物检疫措施还可降低其他生物传入和扩散的可能性，防止外来入侵物种，保护生物多样性。

二、区域组织植物检疫措施标准

IPPC 第九条规定，区域植物保护组织应在管辖地区发挥协调机构的作用，参加为实现公约的宗旨而开展的各种活动，并酌情收集和传播信息；应与秘书处合作以实现公约的宗旨，并在制定标准方面酌情与秘书处和委员会合作；秘书处将召集区域植物保护组织代表定期举行技术磋商会。全世界现有9个区域性植物保护组织。其中欧洲和地中海区域植物保护组织、北美植物保护组织、亚洲及太平洋地区植物保护委员会是联合国粮食及农业组织直属机构。

区域标准是指区域植物保护组织为指导该组织的成员而制定和批准的标准。以科学为基础而制定的区域标准，旨在保护农业、森林和其他植物资源免遭受管制植物有害生物的侵害，同时促进安全贸易。

（一）欧洲和地中海区域植物保护组织

欧洲和地中海区域植物保护组织（European and Mediterranean Plant Protection Organization，EPPO）成立于 1951 年，是在原马铃薯甲虫防治国际委员会和欧洲防治组织基础上成立的一个重要的区域性植物保护组织。EPPO 制定了涵盖其两个主要活动领域（植物保护产品和植物检疫措施）的标准。EPPO 标准向 EPPO 成员的 NPPO 提出建议，同时也是 IPPC 规定的区域标准。标准草案在审批过程中，所有 EPPO 成员都有机会表达自己的意见。以协商一致方式获得最终决定，EPPO 标准由 EPPO 理事会正式通过。

EPPO 标准分为两个主要系列：植物检疫措施（PM）标准（包括监管措施、检疫处理、PRA、诊断、签证和生物防治的安全使用）和植物保护产品（PP）标准。其中与进出境植物繁殖材料密切相关的标准主要为《植物检疫程序》（PM 3），包括91项标准，其中多项与繁殖材料相关，重点关注如下标准。

1.《大麦种子大麦条纹花叶病毒检验方法》（PM 3/34）

大麦条纹花叶病毒（*Barley stripe mosaic virus*，BSMV）是一种 EPPO A2 检疫生物，进口国（地区）要求，任何发生大麦条纹花叶病毒的国家（地区）出口大麦种子需证明种子作物在生长季节已经过检查或者种子的代表性样品已通过 EPPO 推荐的方法进行的测试。1990 年 9 月首次批准大麦种子上大麦条纹花叶病毒的检验方法，1998 年再次修订。该标准提供了大麦田间检查方法和 ELISA 种子检测方法，避免大麦条纹花叶病毒随种子在不同的国家（地区）间扩散传播，促进大麦种子国际贸易的顺利进行。

2.《棉籽上棉刺盘孢菌的检验和试验方法》（PM 3/41）

棉刺盘孢菌（*Glomerella gossypii Soutllw.*）是一种 EPPO A2 检疫生物。进口要求，出口棉籽的国家（地区）（发生过棉刺盘孢菌）须证明种子作物在生长季节已经过检查或种子的代表性样品已通过 EPPO 推荐的方法进行测试且没有发现棉刺盘孢菌。1991 年 9 月批准棉籽上棉刺盘孢菌的检验和试验方法，1998 年修订为 EPPO 标准。该标准描述了棉籽上的棉刺盘孢菌的检验和试验方法，包括田间检查和种子萌发试验，详细介绍了种子萌发试验的操作流程及幼苗症状。

3.《马铃薯无病原体微型薯的生产》（PM 3/62）

马铃薯微型薯是由马铃薯微型植物在满足特定要求的生长培养基中生产的块茎。本标准描述了生产无病原体马铃薯微型块茎的系统，作为其国际转移的基础。2004 年 9 月首次批准，2005 年 9 月和 2019 年 9 月修订。根据 EPPO 标准 PM 8/1 针对马铃薯的商品特定植物检疫措施，根据该标准生产的微型块茎作为原种或繁殖种群 I 入境，无须入境后检疫或其他检测（这可能是某些国家/地区认证计划的要求）。该标准详细描述了无病原体马铃薯微型薯生产要求，包括生产地点选择，生产培养基要求，生长周期、收获、储存和包装规定及验证无虫害状态。通过该标准减少或避免病虫害随种薯扩散，保护规范繁殖种薯国际间贸易。

4.《谷物种子和谷物的调运检验》（PM 3/78）

该标准描述了小麦、小黑麦、水稻、黑麦、燕麦、大麦、玉米的种子和谷物（高粱属或其他）的进口控制程序，重点为抽样和检测。谷物范围不仅涵盖 EPPO 地区生产的，还包括世界其他地区，如阿根廷、澳大利亚、加拿大、印度、美国。根据谷物及其来源，EPPO 成员要求对种子和（或）谷物在生长季节开展田间检查，同时要求对种子和（或）谷物进行目视检查或抽样检测，保证其不含特定病虫害。该标准系统描述了采样批号的判定和针对不同包装、数量运输方式下的采样规则，明确了不同谷物种子或谷物的相关检测有害生物对象。该标准规范谷物种子和谷物植物检疫程序，防止特定有害生物、非限定有害生物、污染物随种子和谷物的进口货物传入 EPPO 地区，降低有害生物传播风险，有利于促进世界范围内种子、谷物贸易发展。

5.《番茄种子的调运检验》（PM 3/80）

番茄（*Solanum lycopersicum* L.）种子在全球范围内频繁贸易是将有害生物引入新地区的重要途径之一。番茄种子可能携带 EPPO A1 或 A2 有害生物清单中的有害生物。2015 年 9 月，首次审批通过番茄种子调运检验的标准，该标准主要描述了对番茄种子进行进口植物检疫的程序，包括抽样和检测，主要针对 EPPO 进口国（地区）调运检验，相关程序要素也可以适用于出口国（地区）检验。

该标准列明了 EPPO A2 清单中随番茄种子传播的主要有害生物，还涵盖了一些 EPPO 成员列出但未包括在 EPPO 列表中的有害生物，明确了番茄种子批号规范，包括原产地、产地、品种、收获日期等要素。系统描述了感官检查、实验室取样检测以及后续样品实验分析等，尤其是对国际种子测试协会抽样规则抽取代表性样本进行了着重介绍。

该标准通过规范植物检疫程序防止有害生物、非限定有害生物、与番茄相关的外来有害生物、污染物传入 EPPO 地区，保护进口国（地区）免受有害生物传入危险，保障番茄种子的国际贸易健康发展。

（二）北美植物保护组织

北美植物保护组织（North American Plant Protection Organization，NAPPO）成立于 1976 年，加拿大、墨西哥和美国为其成员，总部设在美国马里兰州。目前 NAPPO 共制定发布区域标准（RSPM）41 项，其中与进出境植物繁殖材料密切相关的标准主要包括《NAPPO 成员进口种植用植物的有害生物综合风险管理措施》（RSPM 24）和《向 NAPPO 成员运输核果、仁果和葡萄属植物指南》（RSPM 35）。

1.《NAPPO 成员进口种植用植物的有害生物综合风险管理措施》（RSPM 24）

基于隔离最终产品检查和植物检疫认证限制的措施系统对国家（地区）间引进种植用植物的有害生物可能存在风险管理上不充分，以及随种植用植物进口有害生物引入率增加的情况，该标准提供了一种替代策略，即进口种植用植物有害生物综合风险管理措施，主要包括识别和管理风险、生产记录和有害生物管理实践、审核和审查出口计划以及管理有害生物生产过程中流行率，是一种更专注于生产过程风险、管理系统的策略。

该标准系统描述了开展进口种植用植物有害生物综合风险管理措施的一般要求和具体要求，其中一般要求规定了风险管理措施的组成及行业惯例，具体要求明确了各类执行主体的职责，如生产点、国家植保机构、采购主体，同时规定了外部审核和不遵守条目的具体要求。

该标准的制定弥补了有害生物风险管理系统的不足，提供了更加科学有效的风险管理策略，可以最大限度地减少国家（地区）间植物贸易有害生物风险的引入，而不会大幅度增加国家（地区）监管负担或破坏种植用植物国际贸易。

2.《向 NAPPO 成员运输核果、仁果和葡萄属植物指南》（RSPM 35）

该标准规定了向 NAPPO 成员运输核果、仁果和葡萄属植物的相关规则，旨在防止检疫性有害生物在成员间扩散、进入和定殖，管理受管制的非检疫性有害生物，促进成员及其内部的公平有序贸易，促进综合系统方法和良好植物保护规范的使用，是国际交流种植核果、仁果和葡萄属植物的基础规则。

该标准明确了成员中核果、仁果和葡萄属有害生物发生情况，检疫对象包括节肢动物、细菌、真菌、线虫、植物原虫、类病毒、病毒以及有害生物媒介，但不涉及非生物疾病，品种真伪以及质量等级。

该标准制订了向 NAPPO 成员运输核果、仁果和葡萄属植物的一般要求、特定要求、入境后检疫标准、认证程序的评估和批准、双边工作计划。一般要求规定了核果、仁果和葡萄属植物病虫害风险分析方法，不同情境下有害生物风险管理的植物检疫措施及植物检疫证书或等效官方文件要求。特定要求制定了核果、仁果和葡萄属植物官方认定计划，包括程序管理、术语、诊断、资格授予、认证等级、园艺管理、隔离及害虫管理、检查和诊断、文件识别、质量体系及审核审查、不遵守及纠正措施 11 项。入境后检疫标准是该标准的重要组成部分，全面规定了核果、仁果和葡萄属植物在入境后检疫具体要求，如检查取样及诊断、有害生物检测、媒介监测等。认证程序的评估和批准明确了文件审查、实地考察和进口检验环节要求。

该标准提供了一套国际运输种植核果、仁果和葡萄属植物的规则，可有效降低有害生物在不同国家（地区）扩散、进入和定殖，促进全球繁殖材料的贸易顺利进行。

（三）亚洲及太平洋区域植物保护委员会

亚洲及太平洋区域植物保护委员会（Asia and Pacific Plant Protection Commission，APPPC）成立于1956年，致力于保护植物、人类及动物的健康与环境，推动贸易便利以及保护农业的可持续性，每两年召开1次大会，中国于1990年加入。为防止南美橡胶叶疫病（SALB）等毁灭性病虫害传入，加强和协调亚太区域植物检疫措施，保护区域内的植物资源，2012年5月，APPPC制定发布区域标准《防范南美橡胶叶疫病指南》（RSPM 7）。

南美叶疫病（South American leaf blight of rubber，SALB）是橡胶上最具破坏性的病害之一，是制约南美洲橡胶生产的主要因素。如果这种疾病被引入亚洲和太平洋地区，将会对该地区的橡胶种植造成巨大的经济损失。2007年8月在APPPC第25次会议上完成关于SALB的有害生物风险分析（PRA）（以下简称SALB PRA）。根据SALB PRA风险分析，制定了保护APPPC橡胶种植地区免受SALB侵害的指南。

该指南为种植橡胶的APPPC成员提供了有力技术支撑，防止SALB引入、传播和定殖，涵盖五个主要领域，分别为进口要求和入境点检查、实验室诊断和监测系统，在SALB进入的情况下建立根除或控制计划，有关检查和诊断方法、监测、根除和控制的培训计划，人员和设施的最低要求，为SALB计划建立协调和合作活动；SALB的防止引入对象包括寄主材料和非寄主材料，具体操作包括入境点检查系统、实验室诊断系统和SALB监视系统等，风险管理措施包括检查是否感染，种植用植物的表面杀菌和入境后检疫，种子处理以及去除、破坏或热处理宿主材料。

该指南从国际橡胶贸易实际需求出发，在考虑各个国家（地区）的适当保护水平下，系统阐述了如何防范国际贸易中橡胶叶疫病的传播流行，有效控制叶疫病传入和扩散风险，极大促进了国际橡胶贸易顺利开展。

第二节
主要贸易国家（地区）
植物繁殖材料检疫要求

————————◇————————

植物繁殖材料具有繁殖再生能力，传带有害生物的风险较高，世界上各主要贸易国家（地区）对进境植物繁殖材料制定和出台了相关法律法规，采取措施严格的入境检疫要求。本节对美国、欧盟等主要贸易国家（地区）的进境植物繁殖材料检疫要求进行介绍，相关国家（地区）的具体检疫要求详见本书附录，供读者进行学习与了解。

一、美国植物繁殖材料检疫要求

（一）美国植物繁殖材料检疫概况

美国农业部（United States Department of Agriculture，USDA）动植物卫生检疫局（Animal and Plant Health Inspection Service，APHIS）负责美国植物检疫工作，具体由下属植物保护与检疫处（Plant Protection and Quarantine，PPQ）执行。PPQ在美国主要国际机场、港口及附近设立植物检疫站，主要负责进境植物、种子的检验检疫和处理，确保其符合美国法规和进境许可要求，防止检疫性有害生物传入和为害美国农业和生态环境。此外，检疫站还根据法律和法规要求执行《濒危物种法》和《濒危野生动植物种国际贸易公约》规定植物物种的进出境和转口检疫；部分检疫站还有对出口植物、种子和繁殖材料签发植物检疫证书的职能。国家植物种质检疫中心是唯一开展以植物育种和研究为目的小批量植物种质材料进境或出口检疫工作的检疫站，负责禁止进境种植用植物材料的检疫审批与隔离检疫。

美国植物繁殖材料检疫法规框架有法律、法规和手册3个层次。APHIS发布进境植物限定性有害生物名单，明确有害生物传入风险级别。

（二）美国一般检疫要求

1. 切花

进口的切花若带有果实、根茎等其他植物部分，则须按照其他植物的规定进口。必须带有由出口国（地区）相关机构签发的植物检疫证书。所有进入美国的切花都必须在第一入境口岸后接受检查，并且必须停留在第一入境口岸直到放行或检查员授权进一步转移。

2. 种子和苗木

植物检疫证书上必须注明物品的属。属间和种间杂交种应在两个母本学名间加乘号加以标识，如该杂交种已定名则可以将乘号放在种加词前。在到达第一入境口岸时由检查员抽样和检查，根据相关要求在种植原产国（地区）进行预检。

3. 小批量种子

包装和运输条件：每个包装都必须清楚地列明发货人姓名、种子原产国（地区）、学名（至少到属，最好到种的水平）；每种分类单位（分类范畴如属、种栽培品种等）的种子每包至多 50 个，或最大重量不超过 10g；每批至多 50 包种子；种子未使用杀虫剂；种子包装密闭，不会漏出；货物中不携带土壤、植物材料或其他种子、其他国外杂质或碎片，在果实或种荚内的种子，或活的生物体，包括寄生植物、病菌、昆虫、蜗牛、螨类；进口时，货物同时送至植物种质检测中心或者指定的入境口岸。

4. 栽培介质

进口时不得携带沙、土壤、泥土和其他栽培介质，另有规定的除外。

5. 包装材料

限制进境植物繁殖材料进口到或进入美国时不应包装，除非发货前立即包装；包装材料不得带有沙、土壤或泥土，且以前没有作为包装材料或其他用途使用过。

（三）美国部分植物繁殖材料特殊检疫要求

1. 茼蒿属（*Chrysanthemum*）、小滨菊属（*Leucanthemella*）和日本滨菊属（*Nipponanthemum*）切花

只有满足以下条件时才能从菊花白锈菌（*Puccinia horiana*）的发生区域进口到美国：花卉必须在所在国家（地区）植物保护组织或其代表注册

的生产地种植，NPPO 或其代表必须向动植物检疫局提供已注册生产地列表；切花的每批货物必须都有由原产国（地区）植物保护组织或其代表签发的植物检疫证书或等效文件，包括附加声明生产地以及托运货物已经检查没有发现菊花白锈菌；切花随附的包装箱标签和其他文件必须标明注册的生产基地；APHIS 授权的检查员有权进入生产地监测菊花白锈病。

2. 盆景

除特殊规定外，任何生长介质包括土壤在装船到美国以前必须从盆景中移除。栽培盆景必须符合以下要求，并且所要求的植物检疫证书必须声明这些要求已经得到满足：盆景必须在原产国（地区）政府注册的温室或苗圃中生长两年；培育盆景的温室或网室的所有通风口要有遮蔽物，且开口不超过 1.6mm，所有入口必须安装双重自掩门；盆景在政府注册的温室或网室的两年栽培期内，必须栽培在只含无菌介质土的盆中；盆景在政府注册的温室或网室的两年栽培期内，必须栽培在高出地面至少 50cm 的工作台上；植物生长的温室或网室以及苗圃必须检查是否存在美国关注的重要检疫性有害生物，每隔 12 个月至少由原产国（地区）NPPO 检查一次。

3. 产自中国的部分盆景

黄杨（*Buxus sinica*）、福建茶（*Ehretia microphylla*）、罗汉松（*Podocarpus macrophyllus*）、雀梅（*Sageretia theezans*）和满天星（*Serissafoetida*）可以培养在授权的栽培介质上，授权的栽培介质包括烘焙的膨胀黏土粒、煤渣、椰子壳的纤维、软木、玻璃丝、有机或无机纤维、泥炭、珍珠岩、酚醛树脂、塑料粒、聚乙烯、淀粉稳定聚合体、聚苯乙烯、聚氨基甲酸酯、矿毛绝缘纤维、泥炭藓、脲醛树脂、高分子吸水树脂、素蛭石、火山岩、沸石和这些介质的任何混合物。栽培介质必须之前从未使用过。

繁育盆景的亲本植物必须在温室种植前 60 天内（温室中种子直接萌发除外）经检查未发现相关有害生物，并且保证只有用于生产盆景植物的不带有栽培介质的种子、组织培养物、无根或有根插条等繁殖材料可以进入授权温室。有根插条不得在土壤中种植，可以在温室中或温室外高 46cm 的工作台上盆中种植，并且盆中只包含授权的栽培介质。

盆景必须由经检查未发现以下有害生物的亲本植物繁殖而成：

黄杨：*Guignardiamiribelii*，*Macrophomaehretia*，*Meliolabuxicola*，*Puccinia buxi*。

福建茶：*Macrophoma ehretia*，*Phakopsora ehretiae*，*Pseudocercosporella ehretiae*，*Pseudocercospora ehretiae-thyrsiflora*，*Uncinula ehretiae*，*Uredo ehretiae*，*Uredo garanbiensis*。

罗汉松：*Pestalosphaeria jinggangensis*，柿叶枯盘多毛孢（*Pestalotia diospyri*），茶茎干腐烂病菌（*Phellinus noxius*），*Sphaerella podocarpi*。

雀梅：*Aecidium sageretiae*。

满天星：*Melampsora serissicola*。

在出口前至少6个月盆景植物必须生长在授权的温室内。在装船前3个月，温室内的植物必须每十天进行一次适当的杀虫剂处理保持无有害生物状态。

二、欧盟植物繁殖材料检疫要求

（一）欧盟植物繁殖材料检疫概况

欧盟委员会（Commission of the Europea Communities）负责制定发布植物繁殖材料检疫相关指令。

2019年11月28日，欧盟委员会发布第2019/2072/EC指令，为有效实施植物有害生物防护措施条例，制定了详细的实施细则，规范了有害生物、植物、植物产品及其他检疫物的管理，以及保护欧盟境内免受植物卫生风险所需满足的相应要求，共涉及14个附录。

2000年5月8日，欧盟委员会发布第2000/29/EC指令采取某些保护性措施，防止某些植物或植物产品有害生物进入欧盟，并防止植物或植物产品有害生物在欧盟蔓延。其后欧盟委员会陆续发布相关指令对第2000/29/EC指令进行修改、补充和完善。

欧盟检疫性有害生物名单：欧盟境内没有发生的有害生物包括细菌12种，真菌和卵菌33种，昆虫和螨类73种，线虫10种，寄生植物1种，病毒、类病毒和植原体23种，共计174种。欧盟境内有发生的有害生物包括细菌3种，真菌和卵菌4种，昆虫和螨类7种，线虫5种，病毒、类病毒和植原体2种，软体动物1种，共计22种。

（二）欧盟一般检疫要求

1. 植物繁殖材料

在发运之前，植物繁殖材料必须在正式登记的苗圃连续栽培2年以上，

国际组织及主要贸易国家（地区）植物繁殖材料检疫要求

第五章

该苗圃必须遵守官方的监控制度。具体要求为：应栽种在花盆里，花盆置于离地至少50cm高的架子上；针对相关有害生物采取了相应的处理措施；在1年内至少进行6次间隔合理的正式检查，检查植物是否存在相关有害生物，对于不超过3000株的某一类植物，至少应提取该类植物的300株进行抽样检查，对于超过3000株的某一类植物，至少应提取该类植物的10%进行抽样检查；采用密闭包装，并标注登记苗圃的登记号。

2. 栽培介质

在植物种植时间，栽培介质不含有土壤和有机物质，经过检查不带有有害生物或经过规定的热处理或熏蒸处理，以保证不带有有害生物。

自植物繁殖材料种植起，采取相应措施保证栽培介质不含有害生物或者在发运前2周内，植物已经去除栽培介质，只留下在运输过程中保证植物存活的符合要求的最小量栽培介质。

（三）欧盟部分植物繁殖材料特殊检疫要求

1. 兰科（Orchidaceae）

出口国（地区）没有发生棕榈蓟马（*Thrips palmi* Karny）或者出口前经过官方检查没有发现棕榈蓟马。

2. 石头花属（*Gypsophila* L.）、一枝黄花属（*Solidago* L.）、旱芹（*Apium graveolens* L.）和罗勒属（*Ocimum* L.）

出口国（地区）没有发生美洲斑潜蝇［*Liriomyza sativae*（Blanchard）］和菊潜蝇［*Amauromyza maculosa*（Malloch）］或者出口前经过检查没有发现美洲斑潜蝇和菊潜蝇。

3. 菊属［*Dendranthema*（DC.）Des Moul.］

关注有害生物：

南方灰翅夜蛾（*Spodoptera eridania* Cramer）；

草地贪夜蛾［*Spodoptera frugiperda*（Smith）］；

斜纹夜蛾［*Spodoptera litura*（Fabricius）］；

实夜蛾［*Helicoverpa armigera*（Hübner）］；

海灰翅夜蛾［*Spodoptera littoralis*（Boisd.）］；

菊矮化类病毒（Chrysanthemum stunt viroid）；

堀柄锈菌（*Puccinia horiana* Hennings）；

菊花疫病菌［*Didymella ligulicola*（Baker et al.）v. Arx］；

105

菊花茎坏死病毒（Chrysanthemum stem necrosis virus）。

自上一个完整的植物生长周期开始，生产地区没有发生上述有害生物或者已经采取了相应的处理措施避免受上述有害生物侵染。经检测未发现感染菊矮化类病毒并且繁殖没有超过 3 代；产品发运前 3 个月内至少每月进行一次检测，植物或切割枝条没有出现堀柄锈菌侵染症状或者已经采取了相应的处理措施避免受上述有害生物侵染。

4. 石竹属（*Dianthus* L.）

关注有害生物：

实夜蛾 [*Helicoverpa armigera*（Hübner）]；

海灰翅夜蛾 [*Spodoptera littoralis*（Boisd.）]；

南方灰翅夜蛾（*Spodoptera eridania* Cramer）；

草地贪夜蛾 [*Spodoptera frugiperda*（Smith）]；

斜纹夜蛾 [*Spodoptera litura*（Fabricius）]；

菊欧文氏菌石竹致病变种 [*Erwinia chrysanthemi* pv. *dianthicola*（Hellmers）Dickey]；

麝香石竹伯克氏菌 [*Pseudomonas caryophylli*（Burkholder）Starr and Burkholder]；

香石竹萎蔫病菌 [*Phialophora cinerescens*（Wollenweber）Van Beyma]。

自上一个完整的植物生长周期开始，生产地区没有发生上述有害生物或者已经采取了相应的处理措施避免受上述有害生物侵染。

5. 天竺葵属（*Pelargonium* L.）

关注有害生物：

实夜蛾 [*Helicoverpa armigera*（Hübner）]；

海灰翅夜蛾 [*Spodoptera littoralis*（Boisd.）]；

南方灰翅夜蛾（*Spodoptera eridania* Cramer）；

草地含夜蛾 [（*Spodoptera frugiperda*（Smith）]；

斜纹夜蛾 [*Spodoptera litura*（Fabricius）]；

番茄环斑病毒（Tomato ringspot virus）。

自上一个完整的植物生长周期开始，生产地区未发现上述有害生物或者已经采取了相应的处理措施避免受上述有害生物侵染；繁殖用的母本植物经过检测未发现番茄环斑病毒，并且繁殖未超过 4 代。

6. 郁金香属（*Tulipa* L.）和水仙属（*Narcissus* L.）

自上一个完整的植物生长周期开始，生产地区未发现起绒草茎线虫
［*Ditylenchus dipsaci*（Kühn）Filipjev］。

7. 柑橘属（*Citrus* L.）、金橘属（*Fortunella* Swingle）和枳属（*Poncirus* Raf.）

关注有害生物：

野油菜黄单胞菌［*Xanthomonas campestris*（Pammel）Dawson］；

柑橘穿孔线虫（*Radopholus citrophilus* Huettel et al.）；

香蕉穿孔线虫［*Radopholus similis*（Cobb）Thorne］。

自上一个完整的植物生长周期开始，生长地区和邻近地区没有发生野
油菜黄单胞菌（所有柑橘属适用的品系）；生产地区收获的任何果实均没
有出现野油菜黄单胞菌（所有柑橘属适用的品系）症状；上述果实已经根
据相关规定进行了处理；果实在指定地点或装运中心进行包装；生长地点
的土壤和根茎取样经线虫检测（至少包括柑橘穿孔线虫和香蕉穿孔线虫），
未发现相关有害生物。

8. 棕榈科（Palmae）

关注有害生物：

棕榈致死黄化植原体（Palm lethal yellowing phytoplasma）；

死亡类病毒（Cadang-Cadang Viroid）。

自上一个完整的植物生长周期开始，植物的生长地区或邻近地区没有
发现上述有害生物。

9. 向日葵（*Helianthus annuus* L.）

种子的生长地区没有发现霍尔斯单轴霉（向日葵霜霉病菌）
［*Plasmopara halstedii*（Farlow）Berl. and de Toni］或者所有种子（除生长地
区所有霍尔斯单轴霉的抗性品种植物的种子以外）均已经过防治霍尔斯单
轴霉处理。

10. 山茶属（*Camellia* L.）

自上一个完整的植物生长周期开始，生产地区的开花期植物没有出现
Ciborinia camelliae Kohn 侵染症状。

11. 杨属（*Populus* L.）

自上一个完整的植物生长周期开始，生长地区或邻近地区未发现杨树

叶锈病菌（*Melampsora medusae* Thümen）。

12. 松属（*Pinus* L.）

关注有害生物：

松针瘤菌［*Scirrhia acicola*（Dearn.）Siggers］；

松针红斑病菌（*Scirrhia pini* Funk and Parker）。

自上一个完整的植物生长周期开始，生长地区或邻近地区没有发现松针瘤菌或松针红斑病菌。

13. 菜豆属（*Phaseolus* L.）

种子的生长地区没有发现野油菜黄单胞菌菜豆致病变种［*Xanthomonas campestris* pv. *phaseoli*（Smith）Dye］，经检测种子没有感染野油菜黄单胞菌菜豆致病变种。

14. 番茄［*Lycopersicon lycopersicum*（L.）Karsten ex Farw.］

关注有害生物：

茄科伯克氏菌［*Pseudomonas solanacearum*（Smith）Smith］；

番茄黄卷叶病毒（Tomato yellow leaf curlvirus）；

密执安棒杆菌密执安亚种（番茄溃疡病菌）［*Clavibacter michiganensis* subsp. *michiganensis*（Smith）Davis et al.］；

野油菜黄单胞菌疮痂致病变种（辣椒斑点病菌）［*Xanthomonas campestris* pv. *vesicatoria*（Doidge）Dye］；

马铃薯纺锤形块茎类病毒（Potato spindle tuber viroid）。

自上一个完整的植物生长周期开始，植物生长地区没有发现上述有害生物；植物生长地区未发现木薯粉虱（*Bemisia tabaci* Genn.）；出口前3个月至少每个月进行一次官方检查，确认生产地区没有发现木薯粉虱；针对木薯粉虱已经采取了相应的处理和监测措施。

15. 甜菜（*Beta vulgaris* L.）

自上一个完整的植物生长周期开始，生长地区或邻近地区没有发现甜菜曲顶病毒（Beet curly top virus）（非欧洲品系）。

16. 辣椒（*Capsicum annuum* L.）、茄子（*Solanum melongena* L.）

自上一个完整的植物生长周期开始，生长地区没有发现茄科伯克氏菌［*Pseudomonas solanacearum*（Smith）Smith］。

17. 山楂属（*Crataegus* L.）

关注有害生物：

苹果孤生叶点霉菌（*Phyllosticta solitaria* Ell. and Ev.）；

山毛榉长喙壳菌（*Ceratocystis fagacearum*（Bretz）Hunt.）；

梨火疫病菌［*Erwinia amylovora*（Burr.）Winsl. et al.］；

美澳型核果褐腐菌［*Monilinia fructicola*（Winter）Honey］。

该植物的生长地区没有发生上述有害生物；或者自上一个完整的植物生长周期开始，该植物的生长地区没有发生上述有害生物。

18. 李属（*Prunus* L.）

关注有害生物：

杏褪绿卷叶植原体（Apricot chlorotic leafroll phytoplasma）；

野油菜黄单胞菌桃李致病变种［*Xanthomonas campestris* pv. pruni（Smith）Dye］；

美澳型核果褐腐菌［*Monilinia fructicola*（Winter）Honey］。

该植物的生长地区被认定为没有发生上述有害生物，或自上一个完整的植物生长周期开始，该植物的生长地区没有发生上述有害生物。

19. 木瓜属（*Chaenomeles* Lindl.）和枇杷属（*Eriobotrya* Lindl.）

关注有害生物：

山毛榉长喙壳菌［*Ceratocystis fagacearum*（Bretz）Hunt.］；

梨火疫病菌［*Erwinia amylovora*（Burr.）Winsl. et al.］；

美澳型核果褐腐菌［*Monilinia fructicola*（Winter）Honey］。

该植物的生长地区没有发生上述有害生物，或者该植物的生长地区被认定为没有发生上述有害生物。

20. 榅桲属（*Cydonia* Mill.）和梨属（*Pyrus* L.）

关注有害生物：

苹果孤生叶点霉（*Phyllosticta solitaria* Ell. and Ev.）；

美澳型核果褐腐菌［*Monilinia fructicola*（Winter）Honey］；

山毛榉长喙壳菌［*Ceratocystis fagacearum*（Bretz）Hunt.］；

梨火疫病菌［*Erwinia amylovora*（Burr.）Winsl. et al.］。

该植物的生长地区没有发生上述有害生物，或者该植物的生长地区被认定为没有发生上述有害生物。

21. 栗属（*Castanea* Mill.）和栎属（*Quercus* L.）

自上一个完整的植物生长周期开始，生长地区或邻近地区没有发现寄生隐丛赤壳［*Cryphonectria parasitica*（Murrill）Barr］。

22. 啤酒花（*Humulus lupulus* L.）

自上一个完整的植物生长周期开始，生长地区没有发生黄萎轮枝孢（苜蓿黄萎病菌）（*Verticillium albo-atrum* Reinke et Berthold）和海灰翅夜蛾（*Verticillium dahliae* Klebahn）。

23. 玉米（*Zea mays* L.）

种子的生长地区没有发现玉米细菌性枯萎病菌［*Erwinia stewartii*（Smith）Dye］，种子经检测未发现玉米细菌性枯萎病菌。

24. 水稻（*Oryza sativa* L.）

种子经检测未发现水稻干尖线虫（*Aphelenchoides besseyi* Christie），种子已经经过适当的热水处理或采取其他针对水稻干尖线虫的防治措施。

三、日本植物繁殖材料检疫要求

（一）日本植物繁殖材料检疫概况

日本农林水产省植物防疫所是日本植物检疫实施机关，主要依据植物检疫法、植物保护法实施条例、植物保护法执行令、进口植物检疫条例等法律法规开展植物繁殖材料检疫。

截至 2021 年 4 月 28 日，日本进境检疫性有害生物名单包括节肢动物 720 种，线虫 17 种，软体动物 15 种，真菌 61 种，细菌 38 种，病毒和类病毒 131 种，未确定病原的病害 41 种。

（二）出口国（地区）的植物繁殖材料特殊检疫要求

1. 出口国（地区）实施种植场地检验的植物检疫要求

（1）用于繁殖的鳄梨、腰果、桃花心木、百香果、月桂、椰子、杨桃、石榴、人心果、生姜、番木瓜、番石榴、锦熟黄杨、楹梓、芒果、荔枝、桑属、夜香树属、九里香属、咖啡属、梨属、杨属、芭蕉属、蔷薇属、番荔枝属、葡萄属、木槿属、鸡蛋花属、柑橘属和蒲桃属种苗（种子、果实和地下部分除外）。亲本植物产地或生产地点（包括种植基地），针对黑刺粉虱（*Aleurocanthus woglumi*）进行防控；在出口前的 3 个月，对产地或生产地点的植株每月至少检查一次，确认未发现黑刺粉虱。通过检查确定植株叶片背面不存在卵、幼虫、蛹和成虫，叶片背面没有虫卵聚集以及叶片没有黑色霉层。

（2）用于繁殖的鳄梨、姜黄、绿萝、秋葵、*Cyrtosperma chamissonis*、大果柏木、西印度鸡冠、椰子、芋、甘蔗、生姜、蕉芋、洋芋、茶树、玉米、番茄、茄子、马铃薯、番荔枝、槟榔、墨西哥柏木、花生（不包括不带皮的种子）、肖竹芋属、竹芋属、咖啡属、胡椒属、芭蕉属、喜林芋属、辣椒榕属、*Beta* 属植物的地下部分；用于繁殖的榕叶属、花烛属种苗（种子和果实除外）。亲本植物产地或生产地点（包括种植基地），未发生相似穿孔线虫（*Radopholus similis*），或者之前有发生现已根除；植物产地或生产地点的植株田间生长期间对栽培介质和植株地下部分开展线虫检查，确保未发生相似穿孔线虫。

（3）用于繁殖的椰榆、大麻、针叶樱桃、油茶、小粒咖啡、香彩雀、杜英、青皮象耳豆、*Oeceoclades maculata*、垂枝红千层、木薯、黄瓜、竹芋、栀子、蓝蝴蝶、黑桑、水蛇麻、陆地棉、神代柱、鬼针草、豇豆、甘薯、灯笼果、生姜、猩猩草、金山葵、山药、蜡杨梅、西瓜、*Stenocereus queretaroensis*、匍匐筋骨草、金杯藤、大豆、烟草、冬珊瑚、梁子菜、*Tibouchina elegans.* 少花龙葵、辣椒、桑、番茄、茄子、枣、木龙葵、五彩苏、胡萝卜、兰考泡桐、猴面包树、美花红千层、菠萝蜜、番石榴、硬骨凌霄、*Byrsonima cydoniifolia*、西葫芦、小果野蕉、*Morus celtidifolia*、牙买加一品红、量天尺属、山麦冬属、松叶菊属植物的地下部分。亲本植物产地或生产地点（包括种植基地），未发生象耳豆根结线虫（*Meloidogyne enterolobii*），或者之前有发生现已根除；植物产地或生产地点的植株田间生长期间对栽培介质和植株地下部分开展线虫检查，确保未发生象耳豆根结线虫。

（4）用于繁殖的豌豆种子。亲本植物产地或生产地点（包括种植基地），未发生豌豆尖孢镰孢菌病（*Fusarium oxysporum f.* sp. *pisi*），或者之前有发生现已根除；植物产地或生产地点的植株田间生长后期未发现豌豆尖孢镰孢菌。

（5）用于繁殖枸橘、橘橙、金橘属和柑橘属种苗（果实和种子除外）。柑橘果实在产地或生产地点（包括种植基地），田间生长期间经检查未发现柑橘黑斑病菌（*Guignardia citricarpa*）。

（6）用于繁殖的墨西哥玉米种子和玉米种子。亲本植株产地或生产地点（包括种植基地），针对玉米细菌性枯萎病菌（*Pantoea stewartii ssp. stewartii*）传播寄主进行了防控；在生长季节对产地或生产地点的亲本植株进行田间地检查，未发现玉米细菌性枯萎病菌。

（7）用于繁殖的蚕豆种子。亲本植物产地或生产地点（包括种植基地），针对蚕豆真花叶病毒（Broad bean true mosaic virus）进行了防控；在生长季节对产地或生产地点的植株进行田间检查，未发现蚕豆真花叶病毒。

（8）用于繁殖的欧洲卫矛、枸杞、女贞和李属种苗（果实和种子除外）。该植物产地或生产地点（包括种植基地），针对李痘病毒（Plum pox virus）进行了防控；在生长季节对产地或生产地点的植株进行田间检查，未发现李痘病毒。

2. 出口国（地区）实施特定植物检疫措施的植物检疫要求

（1）用于繁殖的种苗（种子除外）；用于消费和装饰的切花、枝叶、叶菜和水果。出口前检查确认植物未受 *Bactericera nigricornis* 侵染。应进行检查以确定叶外部不存在卵，并且不存在以叶、茎或果实为食的幼虫和成虫。如果检查发现 *Bactericera nigricornis*，则对植物进行适当的处理进行根除。处理的详细信息应包含在植物检疫证书的"灭虫/消毒处理"标题下，并注明处理日期。

（2）用于繁殖的黄瓜、西瓜、南瓜、冬瓜、西葫芦、甜瓜和葫芦种苗和种子（果实除外）。

种子：亲本种子经过消毒或确认未被瓜类细菌性果斑病菌侵染。亲本植物是由已针对瓜类细菌性果斑病菌（*Acidovorax avenae* subsp. *citrulli*）进行消毒或已知未受瓜类细菌性果斑病菌侵染的种子种植而成。产地或生产场所（包括植物生长设施）的亲本植物和果实（用于生产种子）在果实收获前接受检查（包括实验室检测），未发现瓜类细菌性果斑病菌；种子在出口前通过适当的检测方法（例如 LAMP 测定、PCR 测定、种植观察等）进行检测，根据国际种子测试协会的程序，从每批次中随机抽取 30000 粒种子作为样本；当一批种子数小于 300000 粒时，按 10% 的种子进行检测，确认种子不含瓜类细菌性果斑病菌。

种苗（种子和果实除外）：在收获前的果实成熟期，对生产地或生产场地（包括种植基地）的亲本植物和果实（用于繁殖的种苗）进行检查

（包括实验室检测），未检测到瓜类细菌性果斑病菌；通过适当的检测方法（例如 LAMP 测定、PCR 测定、种植观察等）进行检测未发现瓜类细菌性果斑病菌。种苗在生产地或生产场地（包括种植基地）生产期间，该生产地或生产场地对瓜类细菌性果斑病菌采取控制措施；出口前对植物进行检查，确保不含瓜类细菌性果斑病菌。

（3）用于繁殖的猕猴桃种苗和花粉（种子和果实除外）。花粉来源于从果园采集的花朵，出口国（地区）NPPO 确认该果园持续未发生丁香假单胞菌猕猴桃致病变种（*Pseudomonas syringae* pv. *actinidiae biovar* 3），并且采用 PCR 方法检测该批花粉未检测到丁香假单胞菌猕猴桃致病变种；繁殖用的种苗（花粉、种子和果实除外）经 NPPO 确认种植地区持续未发现丁香假单胞菌猕猴桃致病变种。

（4）用于繁殖的辣椒、番茄、蒜芥茄、马铃薯、矮牵牛种子；*Atriplex semilunaris*、鳄梨、龙葵、曼陀罗、香丝草、角醋栗、扭管花、苦蘵、蓝花茄、刺苹果、珊瑚樱、素馨叶白英、辣椒、番茄、蒜芥茄、马铃薯、*Rhagodia eremaea*、舞春花属、夜香树属、大丽花属、木曼陀罗属和矮牵牛属种苗（种子和果实除外）。

种子：随机取自亲本植物和疑似症状的样本，通过 RT-PCR 等方法进行检测，确认不带有马铃薯纺锤体块茎类病毒；或者种子在出口前通过适当的方法（如 RT-PCR）进行检测，确认不带有马铃薯纺锤体块茎类病毒。根据国际种子检验协会的程序，从每批次中随机抽取 4600 粒种子进行检测；如果该批种子少于 46000 粒，抽取 10% 的种子进行检测；每批样品最多包含 400 粒种子。

种苗（种子和果实除外）：在生长季节或出口前随机抽取种苗通过适当的方法（如 RT-PCR）进行检测，确认不带有马铃薯纺锤体块茎类病毒。

（5）用于繁殖的番茄种子；用于繁殖的菊花、龙葵、*Echium creticum*、*Echium humile*、烟草、刺苹果、藜、*Conyza albida*、水蒜芥、蒲公英、*Diplotaxis erucoides*、番茄、地肤、马铃薯、何首乌、宽叶打碗花、黄瓜、金盏花、罗勒、桑葚、天芥菜、车前、大翅蓟属、酸模属、臭荠属、旋花属、锦葵属、苦苣菜属、苋属种苗（种子和果实除外）。

种子：从亲本中随机抽取样品，通过适当的检测方法（如 ELISA 或 RT-PCR）进行检测，确认不带有凤果花叶病毒（Pepino mosaic virus）；或者在出口前通过适当的检测方法（如 ELISA 或 RT-PCR）进行检测，确认不带有凤果花叶病毒。按照国际种子检验协会的程序，从每批次中随机抽取 4600 粒种子进行检测；如果该批种子少于 46000 粒，抽取 10% 的种子进行检测；ELISA 检测每批样品最多包含 250 粒种子，RT-PCR 检测每批样品最多包含 400 粒种子。

繁殖用的种苗（种子和果实除外）：在生长季节或出口前随机抽取种苗通过适当的检测方法（如 ELISA 或 RT-PCR）进行检测，确认不带有凤果花叶病毒。

（6）用于繁殖的红花、刺槐、美丽百金花、洋桔梗、*Blackstonia imperfoliata*、*Blackstonia serotina*、黄花草种苗（果实除外）。

种子：母本植物须在出口国（地区）NPPO 指定的无 *Peronospora chlorae* 发生的区域或生产场所（包括种植基地）种植。

种苗（种子和果实除外）：种苗种植于出口国（地区）NPPO 指定的生产场地（包括种植基地）；采取经 NPPO 确认的以下措施：使用的种子产地无 *Peronospora chlorae* 发生，使用设施设备经过消毒，种苗生长期喷施杀菌剂，使用不含 *Peronospora chlorae* 栽培介质（栽培介质未经使用或在 60℃~72℃ 或更高温度下，热处理至少 30 分钟）。

（7）用于繁殖的玉米种子；用于繁殖的薏米、甘蔗、穇子、假高粱、玉米、高粱种苗（种子和果实除外）。

种子：随机取自亲本植物和疑似症状的样本，通过适当的检测方法（如 ELISA 或 RT-PCR）进行检测，确认不带有玉米褪绿斑驳病毒（Maize chlorotic mottle virus）；或者种子在出口前通过适当的方法（如 ELISA 或 RT-PCR）进行检测，确认不带有玉米褪绿斑驳病毒；根据国际种子检验协会的程序，从每批次中随机抽取 4600 粒种子进行检测；如果该批种子少于 46000 粒，抽取 10% 的种子进行检测；ELISA 或 RT-PCR 检测每批样品最多包含 100 粒种子。

种苗（种子和果实除外）：在生长季节或出口前随机抽取种苗通过适当的检测方法（如 ELISA 或 RT-PCR）进行检测，确认不带有玉米褪绿斑驳病毒。

（8）用于繁殖的番茄、辣椒种子和种苗（果实除外）。

种子：随机取自亲本植物和疑似症状的样本，通过 RT-PCR 等方法检测，确认不带有番茄褐色皱果病毒（Tomato brown rugose fruit virus）；或者种子在出口前通过适当的方法（如 RT-PCR）进行检测，确认不带有番茄褐色皱果病毒；根据国际种子检验协会的程序，从每批次中随机抽取 4600 粒种子进行检测；如果该批种子少于 46000 粒，抽取 10%的种子进行检测；每批样品最多包含 400 粒种子。

种苗（种子和果实除外）：在生长季节或出口前随机抽取种苗通过适当的方法（如 RT-PCR）进行检测，确认不带有番茄褐色皱果病毒。

（9）用于繁殖的西瓜、西葫芦种子；用于繁殖的西瓜、西葫芦、葫芦种苗（种子和果实除外）。

种子：随机取自亲本植物和疑似症状的样本，通过适当的检测方法（如 ELISA 或 RT-PCR）进行检测，确认不带有小西葫芦绿斑驳花叶病毒（Zucchini green mottle mosaic virus）；或者种子在出口前通过适当的方法（如 ELISA 或 RT-PCR）进行检测，确认不带有小西葫芦绿斑驳花叶病毒；根据国际种子检验协会的程序，从每批次中随机抽取 4600 粒种子进行检测；如果该批种子少于 46000 粒，抽取 10%的种子进行检测；ELISA 或 RT-PCR 检测每批样品最多包含 100 粒种子。

种苗（种子和果实除外）：在生长季节或出口前随机抽取种苗通过适当的检测方法（如 ELISA 或 RT-PCR）进行检测，确认不带有小西葫芦绿斑驳花叶病毒。

（10）用于繁殖的豌豆、蚕豆、小扁豆种子。采取适当措施在亲本植物生产地或生产场地（包括种植基地）对蚕豆染色病毒（Broad bean stain virus）进行防控，生长期间，在产地（种植基地）田间对亲本植物进行检查，确认不带有蚕豆染色病毒；随机取自亲本植物和疑似症状的样本，通过适当的检测方法（如 ELISA）进行检测，确认不带有蚕豆染色病毒；或者种子在出口前通过适当的方法（如 ELISA）进行检测，确认不带有蚕豆染色病毒；根据国际种子检验协会的程序，从每批次中随机抽取 4600 粒种子进行检测；如果该批种子少于 46000 粒，抽取 10%的种子进行检测；ELISA 检测每批样品最多包含 100 粒种子。

（11）用于繁殖的辣椒、番茄种子；用于繁殖的辣椒、番茄、茄子种苗（种子和果实除外）。

种子：从亲本中随机抽取样品，通过适当的检测方法（如 RT-PCR）

进行检测，确认不带有番茄斑驳花叶病毒（Tomato mottle mosaic virus）；或者在出口前通过适当的检测方法（如 RT-PCR）进行检测，确认不带有番茄斑驳花叶病毒；按照国际种子检验协会的程序，从每批次中随机抽取4600 粒种子进行检测；如果该批种子少于 46000 粒，抽取 10% 的种子进行检测；ELISA 检测每批样品最多包含 250 粒种子，RT-PCR 检测每批样品最多包含 400 粒种子。

繁殖用的种苗（种子和果实除外）：在生长季节或出口前随机抽取种苗并通过适当的检测方法（如 ELISA 或 RT-PCR）进行检测，确认不带有番茄斑驳花叶病毒。

四、欧亚经济联盟植物繁殖材料检疫要求

（一）欧亚经济联盟植物繁殖材料检疫概况

欧亚经济联盟（The Eurasian Economic Commission）成立于 2015 年，又称欧亚经济委员会，目前成员包括俄罗斯、哈萨克斯坦、白俄罗斯、吉尔吉斯斯坦和亚美尼亚。

2017 年发布《关于批准欧亚经济联盟海关关境和海关边境应检产品和应检项目的统一植物检疫要求》（第 157 号决议）、《关于批准欧亚经济联盟检疫性有害生物的统一清单》（第 158 号决议）和《关于批准欧亚经济联盟关境内保障植物检疫的统一规定与标准》（第 159 号决议），作为植物检疫的统一性法规，对进入欧亚经济联盟的植物和植物产品、不得携带的检疫性有害生物作出规定。

2020 年 12 月，欧亚经济联盟发布修改植物检疫要求的决议。

（二）欧亚经济联盟一般检疫要求

1. 种子或果实形式和幼苗繁殖（幼苗形式）材料不得带有检疫对象，包括检疫类植物。

进口至联盟关境及在关境内流通的种子应当不含多年生豚草（Ambrosia psilostachya）、豚草（Ambrosia artemisiifolia）、三裂叶豚草（Ambrosia trifida）、小花假苍耳（Iva axillaris）、顶羽菊（Acroptilon repens）、裂叶牵牛（Ipomoea hederacea）、小白花牵牛（Ipomoea lacunose）、北美刺龙葵（Solanum carolinense）、刺萼龙葵（Solanum rostratum）、银毛龙葵（Solanum *elaeagnifolium*）、三花茄裂叶茄（*Solanum triflorum*）、菟丝子属（*Cuscauta* spp.）、缘毛向日葵（*Helianthus ciliaris*）、独脚金属（*Striga* spp.）、三叶鬼针草（*Bidens pilosa*）和长刺蒺藜（*Cenchrus longispinus*）。

种子材料（种子或果实形式）应当在没有独脚金属（*Striga* spp.）的地区采购。

繁殖材料（幼苗形式）应当不含菟丝子属（*Cuscauta* spp.）植物。

2. 进口至联盟关境内和在联盟关境内流通的成批（部分批次）种子材料和繁殖材料应为带包装状态，包装标记应包含产品名称、国别（地区）、产地、出口商等信息。无上述标记和（或）无包装的种子和繁殖材料不允许向联盟关境进口或在关境内流通。

3. 向联盟关境内进口的用作种子和育种目的的马铃薯，包括种子、茄属（*Solanum*）植物块茎、微型块茎［在营养液中培育的马铃薯微型薯和微型植物，包括茄属（*Solanum* spp.）植物块茎类组织培养的微型块茎］。上述育种材料还可能包括其他匍匐茎类和块茎类或茄属植物的杂交类。

4. 从中美和南美国家（地区）向联盟关境内进口马铃薯（*Solanum tuberosum*）块茎样品和其他茄属植物茎（包括茄属植物的野生枝条状和块茎状品种）样品时，只允许用于科研和育种目的，并将其送往引种检疫苗圃。

5. 允许从没有检疫对象的生产区、地方和（或）地段向联盟关境内进口带土块和营养混合物的植物、带土壤培养基的盆栽植物，或在关境内流通。

6. 发现检疫对象的种子材料和繁殖材料批（或单批的一部分），进口时须经消毒、退运或销毁处理。

（三）欧亚经济联盟部分植物繁殖材料特殊检疫要求

1. 欧亚经济联盟对种子和繁殖材料的特殊植物检疫要求详见本书附录。

2. 欧亚经济联盟对适宜做花束或装饰用的切花和花蕾的植物检疫要求具体如下。

（1）适宜做花束或装饰用的切花和花蕾，不得带有斜纹夜蛾（*Spodoptera litura*）、三叶草斑潜蝇（*Liriomyza trifolii*）、美洲葱属潜蝇（*Liriomyza nietzker*）、烟草花蓟马（*Frankliniella fusca*）、菊花球腔菌（菊花

花枯病菌）（*Didymella ligulicola*）、菊花白锈病菌（*Puccinia horiana*）、地毯草黄单胞菌葱蒜变种（葱蒜叶枯病菌）　（*Xanthomonas axonopodis* pv. *Allii*）、天竺葵锈病菌（*Puccinia pelargonii-zonalis*）、山茶花腐病菌（*Ciborinia camelliae*）、麦花蓟马（*Frankliniella tritici*）、罂粟花蓟马（*Thrips hawaiiensis*）、海灰翅夜蛾（*Spodoptera littoralis*）、西花蓟马（*Frankliniella occidentalis*）、南方锞纹夜蛾（*Chrysodeixis eriosoma*）、锞纹夜蛾（*Chrysodeixis chalcites*）、西印花蓟马（*Scirtothrips insularis*）、茶黄蓟马（*Scirtothrips dorsalis*）、拉美豌豆斑潜蝇（*Liriomyza langei*）、草地夜蛾（*Spodoptera frugiperda*）、谷实夜蛾（*Helicoverpa zea*）、伊氏叶螨（*Tetranychus evansi*）、美洲斑潜蝇（*Liriomyza sativae*）、向日葵叶甲（*Zygogramma exclamationis*）、烟粉虱（*Bemisia tabaci*）、棉芽花蓟马（*Frankliniella schultzei*）、棕榈蓟马（*Thrips palmi*）、菊花叶潜蝇（*Amauromyza maculosa*）、美洲棘蓟马（*Echinothrips americanus*）、拉美斑潜蝇（*Liriomyza huidobrensis*）和南方灰翅夜蛾（*Spodoptera eridania*）。

（2）应检产品的每个包装上须有标识，标识内容包含产品名称、原产国（地区）、出口国（地区）和（或）转口国（地区）等信息。

（3）从事在温室和其他在封闭棚内进行应检产品生产的企业所用的、只用于储存和分检的切花和花蕾，禁止向联盟关境内进口。

（4）在单批切花（单批部分）中发现检疫性有害生物时，感染花批（批部分）应退货或销毁。当花批（批部分）中经实验室检测鉴定不含检疫性有害生物时，单批其余部分仍可按用途使用。

（5）适宜做花束或装饰用的新鲜花朵和花蕾应当产自白菊花球腔菌（菊花花枯病菌）（*Didymella ligulicola*）、菊花白锈病菌（*Puccinia horiana*）、天竺葵锈病菌（*Puccinia pelargonii-zonalis*）和山茶花腐病菌（*Ciborinia camelliae*）的非疫区。

五、英国植物繁殖材料检疫要求

（一）英国植物繁殖材料检疫概况

英国农渔食品部，下设有植物检疫局、植物和种子种苗检疫检验局及中央科学实验室等机构，共同承担植物检疫工作。

英国植物繁殖材料检疫法规主要包括植物保健法、植物检疫条例等。

（二）英国一般检疫要求

1. 切花及装饰植物

唐棣属（*Amelanchier*）、栒子属（*Cotoneaster*）、火棘属（*Pyracantha*）植物进入北爱尔兰、曼岛或海峡岛须提供植物检疫证书，植物检疫证书须注明不含有梨火疫病菌（*Erwinia amylovora*），必要时须提供转口证书。

2. 种苗

（1）菊花（*Chrysanthemum sinense*），包括插条和带根插条，在生长季内，田间经检验不携带菊花白锈病。出口前 3 个月内生产场所内未发生菊花白锈病。

（2）在签发植物检疫证书前的两年内，在蔷薇属（*Rosa*）、丁香属（*Syringa*）植物上发现了梨圆蚧，出口国（地区）应在出口前两年内的每一年，在相关生产场所检查确认不含该有害生物。如果在这两年的头一年，在出口国（地区）未报道发现梨圆蚧，则该年对上述生产场所可不进行检查。上述植物在进入英国前应进行熏蒸处理。

（3）除秋海棠属（*Begonia*）、木槿属（*Hibiscus*）外，进入英国的所有用于种植的植物或植物材料不得携带烟粉虱（*Bemisia tabaci*）、马铃薯甲虫（*Leptinotarsa decemlineata*）、茄斑潜蝇（*Liriomyza bryoniae*）。

六、智利植物繁殖材料检疫要求

（一）智利植物繁殖材料检疫概况

智利农牧局（Servicio Agricolay Ganadero，SAG）负责智利农林产品的检疫工作。依据农业保护条例等法规开展植物繁殖材料检疫工作。

（二）智利一般检疫要求

1. 鲜切花

鲜切花必须具有原产国（地区）NPPO 出具的植物检疫证书，并在附加声明中明确该批鲜切花不携带三叶草斑潜蝇和棕榈蓟马。

2. 观赏植物种子

观赏植物种子不得携带土壤和杂草种子；必须具有 NPPO 出具的植物检疫证明书。部分种子还需出具附加声明，声明内容主要包括航运过程中种子未受有害生物侵染以及种子在来源国家或地区未遭受关注的有害生物的为害。

经过熏蒸处理过的种子必须在植物检疫证书上对处理进行详细描述，如采用的处理方法、使用的化学药品名称、剂量、处理时间、采用的温度和处理的场所；对昆虫豆象科（Bruchidae）的熏蒸处理措施，可采取溴甲烷熏蒸处理法或磷化氢熏蒸处理法；对于未列在决议中的物种种子以及经过基因改变的物种，需通过相关的风险分析再由相应机构予以授权进入；用于评估的种质资源和样品需提交入境申请，作为研究使用的材料入境，经生物安全情况评估后，无须再做相关的风险分析即可授权进入；林氏鹿角掌（*Echinocereus ferreirianus* spp. Lindsayi）和珠毛柱（*Echinocereus schmollii*）的种子，必须遵守《濒危野生动植物种国际贸易公约》的规定。

3. 观赏植物及植物部分

植物部分主要指植物的根、茎、叶和能作无性繁殖的植物部分，如插条和插枝，不包括鳞茎、球茎、根茎、块茎及体外相同的材料。

所有的植物和植物部分必须具有 NPPO 签发的植物检疫证书和附加声明，声明该植物或植物部分在原产国家或地区不携带受关注的有害生物；不包括在决议中的植物属、种、改性繁殖材料或基因改良物种所需特殊的进境许可，并由植物保护部门特设附加声明和进境条件；不得携带土壤，但允许携带包括蛭石、珍珠岩、吸湿凝胶、泥炭和其不同比例的混合物等培养基质；不得携带果实和花朵；不得携带寄生杂草 *Acertobium* 属、独脚金属（*Striga*）、菟丝子属（*Cuscuta*）和列当属（*Orobanche*）；经智利农牧局官方认可的槭属（*Acer*）、枸子属（*Cotoneaster*）、石竹属（*Dianthus*）、陉属（*Fraxinus*）、*Jasminus* 属和杜鹃花属（*Rhododendron*）植物允许自由进入，但需接受入境后检疫。

4. 观赏植物的地下部分

观赏植物的地下部分主要指生长在土壤表面以下用于繁殖的植物器官，包括球茎植物、假球茎、球茎、块茎、根茎和块根。

必须具有 NPPO 签发的植物检疫证书；双边决议中不包括的植物属、种、改性繁殖材料或基因改良物种需要特殊的进境许可，并由植物保护部门特设附加声明和进境条件；不得携带土壤，但允许携带包括蛭石、珍珠岩、吸湿凝胶、泥炭和上述物质不同比例的混合物等培养基质。运输途中须置于密闭容器中，不得暴露于环境中；对 *Dyspessa ulula* 和 *Brachycerus* spp. 害虫须采取溴甲烷真空熏蒸方法进行检疫处理。

第六章

进出境植物繁殖材料检疫流程

CHAPTER 6

第一节
进境植物繁殖材料检疫流程

————————◇————————

进境植物繁殖材料检疫流程主要包括引种单位/隔离种植场备案、检疫审批、货物申报、指定监管场地入境、现场检疫、抽采样、实验室检疫、结果判定与出证、检疫处理、隔离检疫及有害生物监测等环节。

一、引种单位/隔离种植场备案

植物繁殖材料的进口单位或其代理单位、种植场、存放场所在首次引进植物繁殖材料前，需向所在地海关申请办理备案手续，提供进境繁殖材料检疫管理等的相关材料；符合相关检疫要求的，海关予以备案。

二、办理检疫审批

完成进口企业备案后，在与外商签订贸易合同前通过中国国际贸易单一窗口或"互联网+海关"向海关总署申请《进境动植物检疫许可证》；或通过中国国际贸易单一窗口向农（林）行政主管部门申请《引进种子、苗木审批单》《国（境）外引进农业种苗检疫审批单》《引进林木种子苗木和其他繁殖材料检疫审批单》，不同的进口品种有不同的部门进行审批管理。审批单中注明的进口口岸需为允许繁殖材料进境的指定口岸，指定口岸对应的海关指定监管场地，可通过海关总署门户网站查询。

三、企业申报进口货物

货主或其代理人在繁殖材料到达口岸前或到达口岸时，通过中国国际贸易单一窗口向入境口岸海关申报，申报时需提供以下随附材料：

1.《进境动植物检疫许可证》（仅针对需要海关总署审批的植物繁殖材料，如禁止进境的特许审批种子苗木等）、《引进种子、苗木审批单》、《国（境）外引进农业种苗检疫审批单》或《引进林木种子苗木和其他植物繁殖材料检疫审批单》；

2. 输出国家或地区的官方植物检疫证书；

3. 产地证明文件；

4. 贸易合同或信用证及发票等；

5. 提单和装箱单（箱单中应列明植物繁殖材料品名、品种、批号、数量、重量、货值等）；

6. 农业转基因生物安全证书和转基因产品标识文件（仅适用于转基因植物繁殖材料）；

7. 产地预检报告（仅适用于需要产地预检的植物繁殖材料）；

8. 境外种植、经营企业注册登记名单（仅适用于有非疫区和非疫生产点要求的，或双边协定要求的）；

9. 同意调入函（仅适用于隔离种植地不在进境口岸直属海关辖区的进境货物）。

四、海关受理企业申报

入境口岸海关在接收到企业提交的申报信息后，审核申报材料的完整性、有效性及一致性。如审核企业提交的申报材料是否齐全、完整和清晰；审查资料的签字、印章、有效期、签署日期和表述内容等，确认其是否真实有效；校对入境货物的报关单、合同、发票、检疫审批单、输出国家或地区出具的官方植物检疫证书等单证的内容是否一致；检查报关单填写是否符合规定要求等。企业提交的材料通过审核，海关关员给予受理申报。

针对中方和贸易国家或地区有签订双边协议或发布具体检验检疫要求（以下简称"双边议定书"）的植物繁殖材料，海关关员在审核植物检疫证书时，还需审核证书的附加声明等是否符合相关规定的格式及内容要求；已实现境外官方植物检疫证书联网核查的国家（地区），海关关员可通过登录相应贸易国家或地区证书核查系统校验植物检疫证书真伪；农（林）部门出具的审批单（证）通过"联网核查"方式验证证书的有效性。

根据不同的检疫审批单类型，海关关员在接受企业提交的货物申报时进入不同的系统中对检疫审批单进行核销操作。如《进境动植物检疫许可证》核销，需在"进境动植物检疫审批管理系统"中进行核销；农（林）部门的审批单（证）可通过"联网核查"方式核销或在审批单原件上核销。

五、现场检疫及抽采样

口岸海关对外服务窗口部门受理企业提交的申报材料后，转至查验部门进行查验，查验部门按照海关查验管理系统的提示及进境繁殖材料的检疫要求进行现场检疫及抽采样。

进境繁殖材料现场检疫人员需具备进出境植物检疫现场查验专家岗资质。查验关员现场检疫时根据查验管理系统中抽样送检表单列明的有害生物，双边议定书、审批单列明的有害生物，海关总署发布的警示通报或相关规定提及的有害生物，有针对性地开展现场查验和送检；以报关批为单位，100%实施现场检疫，有生产批号的以生产批为检疫单位，无批号标识的以品种为单位，对每个检疫单位按照该单位下总数量的 5%～20% 随机抽检，若发现异常，则加大抽查比例（以下简称"抽批规则"）。

（一）核查货证是否相符

查验关员现场查验时首先核查货证，核对品名、品种、数量、唛头、批号等是否与申报相符；发现与申报品名、品种、批号不符的，未取得审批单的，按规定要求企业作退回或销毁处理；发现实际数量超过申报的，超过部分按规定要求企业作退回或销毁处理；发现实际数量少于申报的，查明原因。

查验关员核查货物标识时，核对是否与双边议定书或植物检疫要求相符；核对植物检疫证书上的注册企业编号与海关总署公布的境外注册企业编号是否一致；有产地预检要求或国外认证等要求的，核实是否属预检合格批次或国外认证合格批次。

（二）检查货物包装及运输工具

查验关员在核查货证相符后，检查货物包装、铺垫材料、集装箱有无黏附土壤、害虫及杂草籽等检疫物；检查是否携带木质包装，有木质包装的，检查木质包装是否加施了 IPPC 标识、是否有蓝变或其他有害生物为害症状；对于大型苗木罗汉松，还要检查是否加盖防虫网，防虫网孔径是否小于 1.6mm。

（三）货物检疫及抽取样

完成上述查验步骤后，查验关员针对不同的繁殖材料按照不同的检疫要求开展现场查验。以下就种子、苗木、盆栽、鳞球块茎（根）、试管苗、马铃薯种薯现场检疫时的检疫重点进行介绍，关员查验过程中同时使用查验 PAD 等记录查验关键点及异常情况。

1. 进境种子（作为繁殖用的植物学意义上的种子和果实，不包括块根、块茎、鳞球茎等农学意义上的"种子"）

查验关员现场检疫时根据检疫抽批规则随机抽查，最低抽检数量不少于 10 件，数量不足 10 件的全部检查。首先把种子从包装物中取出，其次针对不同种子的大小用不同的筛网，在白瓷盘上对种子进行过筛，检查筛上物和筛下物，检查是否带有土壤、害虫、病瘿、菌瘿、杂草籽、植物残体和有害生物为害状，若有，用样品袋装好送实验室鉴定。应重点加强豆象等虫害的检疫查验，种子虫害如豆象，现场查验中关注是否有空壳、种子碎屑、昆虫排泄物等；现场查验中关注种子潮湿、发霉、腐烂等异常情况。

如果查验关员未发现有害生物及其症状以及其他可疑问题的，查验系统提示需送实验室检测的，查验关员根据查验系统的取样送检表单、国门生物安全监测关注的有害生物、海关总署警示通报关注的有害生物、审批单列明的有害生物确定送样检测项目；若涉及转基因监控计划，则按照每10 个报关批抽 1 批的比例进行抽样，检测转基因项目；参照 SN/T 2122—2015 进行取样，包括取样份数、每份样品的量等。

2. 进境苗木（整株植物、芽条、接穗、砧木等，盆栽观赏植物除外）

查验关员现场检疫时根据检疫抽批规则随机抽查。整株植物、砧木和插枝类：最低抽检数量不少于 10 件，且不少于 500 株（枝）；低于 10 件的全部查验。芽条、接穗类：最低抽检数量不少于 10 件，且不少于 1500 条（芽）；低于 10 件的全部查验。

带根系的品种都会带有泥土或者介质，查验关员现场检疫时对带介质的品种进行脱盆检疫，检查根部是否携带有土壤、介质，是否有明显病症、病状，是否有根部害虫、癌肿、根结等症状（图 6-1）。

图6-1 对进境苗木进行根系检疫

茎部是昆虫为害的主要部位，查验关员应注意是否有昆虫为害状，如虫孔、虫道、虫屑等；检查皮下、芽眼、分枝处等部位，是否有腐烂、肿大、干缩等异常；检查是否有病斑、畸形、矮化、害虫、介壳虫、螨类、软体动物和其他异常（图6-2）。

图6-2 对进境苗木进行茎干检疫

叶部是检疫的重点部位，查验关员需检查叶面、叶背，特别注意嫩叶、心叶、畸形叶，是否有花叶、病斑、畸形、霉层等病症。

检查可能携带的果实（种子），某些带果实的苗木，如中东海枣、朱砂根等，应检查是否带害虫（棕榈科植物的种子很可能带有棕榈核小蠹）。

针对带土罗汉松和台湾苗木，查验关员应重点检查土壤中是否携带杂草、种子、害虫、植物残体等检疫物；针对带栽培介质的植物繁殖材料，应检查是否带有土壤、害虫、植物残体等。

查验关员在现场检疫过程中发现有害生物、有症状的苗木、杂草等检疫物需送往实验室检测。未发现有害生物和其他检疫物的，且经过风险评估不可能携带有害生物的，可不送实验室检测。查验管理系统提示需送实验室检测和有转基因项目检测要求的，参照 SN/T 2122—2015 进行取样，以生产批为抽样单位，无批号的以品种为单位，按照每 5 批抽 1 批的比例进行抽样，每份样品的抽样点不少于 5 个，随机抽取，重点抽取检测项目可能发生的部位，如介质、根、叶、枝条等。针对带栽培介质、土壤的，还需抽取一份栽培介质复合样品、土壤样品重点检测线虫等有害生物；若每批种苗数量在 5 株以下，则要求每株都取样；若每批种苗数量在 5 株以上，则至少取 5 株土样；取土样时尽量扒开表层的介质，取土表以下20cm~30cm 范围的土样，尽量挖取少量根（图 6-3）。

图 6-3　对进境苗木进行介质检疫

3. 进境盆栽观赏植物（种植在盆中携带栽培介质的植物）

查验关员现场检疫时根据检疫抽批规则随机抽查，最低抽检数量不少于 10 件，且不少于 500 株（盆）；低于 10 件的全部查验。

首先，检查地上部分植株，重点检查是否有长势较弱或不正常植株，若无不正常植株，随机选取盆景进行检查；用肉眼或放大镜检查树干基部及茎干是否带有钻蛀性害虫，以及蜗牛、螺等软体动物；检查芽眼处是否有腐烂、肿大、干缩等异常；检查树枝、叶片有无介壳虫、蚜虫、蓟马、鳞翅目昆虫等，有无花叶、病斑、畸形、霉层等病害症状（图 6-4）。

图 6-4 对进境盆栽进行植株检疫

其次，查验关员将植株连根拔起使其脱离花盆，倒置植株进行脱盆检疫，检查地下根部及介质：检查植物根部有无病根、烂根及根粉蚧等害虫或根结线虫的为害状，必要时用水冲洗根部便于检查有无根结线虫；翻开栽培介质检查，是否有土壤、害虫、杂草籽、软体动物和植物残体，检查介质是否符合要求（图 6-5）。

图 6-5 对进境盆栽的地下根部进行检疫

查验关员现场检疫过程中发现的有害生物、杂草等检疫物需送往实验室检测。若查验系统提示需"取样送检"，则以异常株为重点，兼顾适量的正常株进行抽采样，参照 SN/T 2122—2015 进行取样，确保样品的代表性。植株携带介质的，随植株一起抽取。

4. 进境鳞球块茎（根）

查验关员现场检疫时根据检疫抽批规则随机抽查，最低抽检数量不少于 10 件且不少于 1000 粒，少于 10 件的全部抽查。首先，检查货物是否带有土壤、腐烂、开裂、疱斑、肿块、芽肿、畸形、害虫、虫蚀洞和有无杂草籽等。其次，检查货物所带的栽培介质，是否带有土壤、害虫、螨类、软体动物、植物残体等（图6-6）。

百合种球枯萎病症状

图6-6　对进境鳞球茎繁殖材料进行检疫

查验关员现场检疫过程中发现的病、虫、杂草和怀疑带疫鳞球块茎（根）需送往实验室检测。如果未发现有害生物和可疑问题，且经过风险评估不可能携带有害生物的，可不送实验室检测。查验系统提示需"取样送检"和有转基因项目检测要求的，参照 SN/T 2122—2015 进行取样，确保样品的代表性；带栽培介质的，需同时抽取一份栽培介质复合样品。

5. 进境试管苗 [采用植物组织、器官等营养组织，在洁净（无菌）条件下培养所繁育的植物的细胞团、胚胎、小苗等植物体（株）]

查验关员现场检疫时根据检疫抽批规则随机抽查，最低抽检10件且不少于100支（瓶），少于10件的全部抽查。首先，检查培养基是否有霉变、异色等现象；其次，检查幼苗是否有斑点、花叶、畸形、干焦等症状；最后，检查容器是否有破裂和污染迹象等。

查验关员现场检疫过程中发现的有害生物、有症状的试管苗要送往实验室检测；未发现有害生物和可疑问题，且经过风险评估不可能携带有害生物的，可不送实验室检测；查验系统提示需"取样送检"和有转基因项目检测要求的，参照 SN/T 2122—2015 进行取样，确保样品的代表性。

6. 进境马铃薯种薯

查验关员现场检疫时根据检疫抽批规则随机抽查，最低抽检数量不少于10件且不少于1000个，少于10件的全部查验。重点检查是否带有土壤、明显病斑、害虫和其他异常；芽眼处是否有腐烂、肿大、干缩等异常；是否混有植物根、茎、叶等残体。荷兰、加拿大输华有特殊检疫要求的，按照对应的检疫要求开展，检查非检疫性有害生物造成的块茎缺损是否超过相关要求。

查验关员现场检疫过程中发现的有害生物、为害状、杂草等检疫物需送往实验室检测；如果查验系统提示需"取样送检"，参照 SN/T 2122—2015 进行取样，确保样品的代表性。

（四）转基因安全风险监控

进境繁殖材料除完成正常检疫及抽样送检外，涉及转基因的品种还需进行转基因检查，抽样及检测项目按海关总署年度转基因检测计划执行。

（五）送样

查验关员在完成抽采样后，通过海关实验室管理系统填写送样检测信息，提交到有检测鉴定能力的实验室进行实验室检疫。

六、实验室检疫

实验室在接收到现场查验关员抽取的样品后，按照相应的标准进行有针对性的检测鉴定。

（一）有害生物鉴定

实验室鉴定人员按照有关国家标准、行业标准、国际权威机构的标准进行检验鉴定；无具体标准的，根据有害生物的生物学特性，参考以下方法进行检验鉴定。

昆虫鉴定：采用挑拣、过筛、浸泡、加热、解剖、染色或培养等方法。

真菌检验：挑拣的病瘿、菌瘿和病粒及植物残体，采用切片、透明染色后进行镜检；采用洗涤液离心检查沉淀物；采用血清学方法直接进行检验；采用（冷冻）吸水纸、选择性或半选择性培养基等进行病菌分离培养；根据形态学、血清学、分子生物学等特征特性和（或）致病性进行鉴定。

细菌检验：采用选择性或半选择性培养基进行病菌分离培养，采用洗涤液（浸出物）进行血清学或分子生物学检测；根据过敏性反应、噬菌体、血清学、BIOLOG 等生化特征、分子生物学特性等进行鉴定。

病毒类检测：采用血清学、分子生物学和（或）指示植物等生物学方法进行检测鉴定。

线虫鉴定：直接剖检，或采用漂浮、过筛、漏斗等方法进行分离和鉴定等。

杂草籽鉴定：过筛或直接挑拣进行鉴定等。

（二）转基因检测

对我国已颁布标准的，实验室检测人员可依据相应标准进行检测；无相应标准的，可开发新方法，或参考相关文献，或参考其他国家（地区）或有关组织制定的方法，但方法须进行过验证并转为实验室非标方法。

1. 针对申报非转基因植物及其产品

普遍应用转基因技术的大豆、玉米、油菜、棉花、木瓜等作物申报为非转基因的，选用《植物及其加工产品中转基因成分实时荧光 PCR 定性检验方法》（SN/T 1204—2016）或其他标准检测常见的启动子、终止子、标记基因和外源基因。未广泛应用转基因技术的作物，选用《植物及其加工产品中转基因成分实时荧光 PCR 定性检验方法》（SN/T 1204—2016）或其他标准检测常见的启动子、终止子。

2. 针对申报转基因的植物及其产品

实验室检测人员按照年度转基因风险监控计划，重点对安全证书以外的转基因品系实施监控，发现非批准转基因的，须及时送海关总署指定的转基因产品检测实验室进行复核。

（三）样品保存

经实验室检疫后，未发现检疫性有害生物和限定的非检疫性有害生物的，种子每个品种/批号保留至少 1 份样品，保存 3 个月，其他繁殖材料不保存样品；发现检疫性有害生物或限定的非检疫性有害生物的，种子每个品种/批号保留所有送检样品，保存 1 年，其他繁殖材料制成标本或影像资料保存。

（四）实验结果反馈

实验室检测鉴定后，实验人员通过实验室管理系统将检测结果反馈到口岸查验部门。

七、现场查验结果判定及出证

在完成上述现场及实验室检疫后，现场查验部门将现场检疫情况及实验室检测鉴定情况录入查验管理系统，并作出货物是否口岸放行等处置意见：

1. 针对货物被检出携带土壤（检疫审批单允许的除外）的情况，查验关员在出具《检验检疫处理通知书》后要求企业对货物作退回或销毁处理。

2. 针对货物被检出携带检疫性有害生物和限定的非检疫性有害生物，双边植物检疫协定、协议、备忘录和议定书中订明的有害生物，潜在危险性有害生物或经风险评估认为具有检疫意义的其他有害生物的情况：无有效检疫处理方法的，查验关员在出具《检验检疫处理通知书》后，要求企业作退回或销毁处理；有有效处理方法的，查验关员在出具《检疫处理通知单》后，要求企业按照第八款检疫处理方式进行检疫处理。

3. 针对货物未检出上述有害生物或经检疫处理合格的情况：检疫审批单注明无须隔离种植地繁殖材料，查验关员在出具《入境货物检验检疫证明》后运往指定地区进行种植，出具《入境货物检验检疫证明》时需注明"请引种单位在销售及种植期间，密切关注疫情情况，发现疫情及时向本海关或当地海关报告"；检疫审批单注明需隔离种植地繁殖材料，查验关员在出具《检验检疫情况通知单》（入境种子出具《入境货物检验检疫证明》），运往指定的隔离检疫圃（种植地）进行隔离检疫（种植），出具《检验检疫情况通知单》或《入境货物检验检疫证明》时需注明"该批货物同意调往××××实施隔离检疫，接受××××海关检疫监督。未经海关同意，不得擅自动用"。

4. 针对货物被检出重要有害生物等不合格原因需对外索赔的，查验关员需有针对性地出具《植物检疫证书》。

八、检疫处理

海关后续处置部门根据现场检疫结果，对不同的繁殖材料检出的不同有害生物进行针对性的检疫处理，主要有以下几种方式。

（一）溴甲烷熏蒸

主要针对各种虫态的昆虫、螨类等，分为常压熏蒸和真空熏蒸。对象包括植物的植株、切条、切根、切花，用于繁殖的植株，落叶木本植物的休眠体和种子等。

常绿植物上外食性害虫采用溴甲烷常压熏蒸方式的剂量和时间见表6-1。

表6-1　常绿植物上外食性害虫溴甲烷常压熏蒸的剂量和时间

温度 （℃）	剂量 （g/m³）		处理时间 （h）	
	耳喙象属幼虫	其他害虫	耳喙象属幼虫	其他害虫
32.2~35.6	32	24	2.5	2
26.6~31.6	40	32	2.5	2
21.1~26.1	48	40	2.5	2
15.6~20.6	48	40	3	2.5
10.0~15.0	48	40	3.5	3
4.4~9.4	48	40	4	3.5

一些内食性或钻蛀性害虫采用溴甲烷真空熏蒸方式的剂量和时间见表6-2。

表6-2　内食性或钻蛀性害虫溴甲烷真空熏蒸的剂量和时间

温度 （℃）	剂量 （g/m³）	处理时间 （h）
32.2~35.6	32	1.5
26.6~31.6	32	2
21.1~26.1	48	2
15.6~20.6	48	2.5
10.0~15.0	48	3

（二）热水浸泡处理

主要针对植物繁殖材料携带的各种线虫，处理温度为40℃～55℃，时间从几分钟到几小时不等，最长可达4个小时。不同植物繁殖材料检出有害生物后热水浸泡处理方式见表6-3。

表6-3 不同植物繁殖材料检出有害生物后热水浸泡处理方式

植物材料	有害生物	处理条件
葱属、石蒜属、鳞球茎	鳞球茎茎线虫、马铃薯茎线虫	23.9℃浸泡处理2h后，43.2℃～43.8℃浸泡处理4h
番红花属	次薄滑刃线虫、马铃薯茎线虫	43.3℃浸泡处理4h
柑橘类苗木	柑橘半穿刺线虫	45℃浸泡处理25min
龙胆属	根结线虫	47.8℃浸泡处理30min

（三）其他处理方式

不同植物繁殖材料检出有害生物后的不同处理方式见表6-4。

表6-4 不同植物繁殖材料检出有害生物后的不同处理方式

植物材料	有害生物	处理方式
用于繁殖的植株	比萨茶蜗牛	水冲洗法；药剂浸泡处理
兰科的植株和切条	瘿蚊虫瘿	切除所有带虫瘿的部分
	尾孢菌	除去受害部位并用4：4：50的波尔多液浸泡或喷雾消毒处理植株
	锈菌、小球腔菌、球腔菌、黑痣属、叶点霉	对于轻度感染的植株，除去受害叶片，用4：4：50的波尔多液浸泡或者喷雾消毒植株，放行前应使其快速彻底干燥。对于严重感染的植株，禁止入境
	壳二孢属	仅叶片感染，除去受害叶片；鳞茎感染的则禁止进境
山茶	茶花柱盘孢	轻度感染，除去受害叶片，用4：4：50的波尔多液浸泡或者喷雾消毒植株，放行前应使其快速彻底干燥；严重感染的，禁止入境

表6-4 续

植物材料	有害生物	处理方式
柑橘种子（芸香科）	柑橘溃疡病菌	热水加化学浸泡

另外，海关关员可根据有害生物的特性，通过热处理、辐照处理、微波处理、高低压处理等方式，或通过多种检疫处理方式联合使用以达到检疫处理的目的。

（四）带土罗汉松检疫处理

查验关员现场检疫前需对带土罗汉松用广谱性杀虫剂，如25%的马拉硫磷油剂（$0.22ml/m^2 \sim 0.37ml/m^2$）进行超低容量喷雾杀虫处理，喷药1h后开箱查验；现场查验过程中发现活体有害生物，应采取喷雾等化学防治处理；现场检疫发现检疫性有害生物实施熏蒸处理，发现表面害虫使用溴甲烷常压熏蒸，发现钻蛀性害虫使用溴甲烷真空熏蒸。

针对土壤检疫处理，常使用滴灌处理或药剂浸泡处理。若使用滴灌装置对土球进行滴灌处理，可采用"1.8%阿维菌素乳油500倍液+40%乐果乳油500倍液+20%恶霉灵乳油500倍液"或"35%威百亩水剂500倍液+5%吡虫啉乳油500倍液+2.5%适乐时悬浮种衣剂1000倍液"或"25%的阿米西达悬浮剂500倍液+35%威百亩水剂500倍液+48%毒死蜱乳油500倍液"或其他有效的药剂。若对土球实施浸泡处理，可使用"1.8%阿维菌素2000倍液+20%恶菌灵1000倍液+40%乐果1000倍液"，将土球放置于浸泡池中1h后吊离。

九、隔离检疫

检疫审批单中注明"需隔离检疫的植物繁殖材料须种植在经海关考核合格的隔离检疫圃（种植场）中"。检疫审批不明确的，经风险评估认为是高风险的，必须在国家隔离检疫圃中隔离种植；因承担科研、教学等需要引进高风险的繁殖材料，经报海关总署批准后，可在专业隔离检疫圃实施隔离种植。

隔离检疫圃（种植场）根据有关检疫要求制订具体的检疫方案，并报所在地海关核准、备案；对进境隔离检疫植物繁殖材料的日常管理，做好疫情记录，发现重要疫情及时报告所在地海关。同一隔离检疫圃（种植场）地内不得同时隔离两批（含两批）以上的植物繁殖材料，不得将无关的植物种植在隔离场地内。未经海关同意，任何单位或个人不得擅自调离、处理或使用。

隔离检疫圃（种植场）所在海关凭指定隔离检疫圃出具的同意接收函和经海关核准的隔离检疫方案办理调离检疫手续；需要调离入境口岸所在地直属海关辖区进行隔离检疫的，入境口岸海关凭隔离检疫所在地直属海关出具的《同意调入函》予以调离。隔离检疫圃（种植场）所在地海关根据查验管理系统中的"目的地事中"查验指令，对隔离种植地繁殖材料实施检疫监督。

隔离种植期限按检疫审批要求执行。检疫审批不明确的，按以下要求执行：

一年生的植物繁殖材料，隔离种植一个生长周期；

多年生的植物繁殖材料，隔离种植 2~3 年；

带土罗汉松，隔离种植 6 个月；

因特殊原因，在规定时间内未得出检疫结果的，可适当延长隔离种植期限直至得出检疫结果。

隔离检疫结束后，隔离检疫圃（种植场）出具隔离检疫结果和报告；在地方隔离检疫圃隔离检疫的，由具体负责隔离检疫的海关出具结果和报告。

十、隔离检疫结果评定

隔离检疫圃（种植场）所在地海关根据隔离结果和报告，结合入境检疫结果作出综合评定：针对未检出检疫性有害生物和限定的非检疫性有害生物，双边植物检疫协定、协议、备忘录和议定书中订明的有害生物，潜在危险性有害生物或经风险评估认为具有检疫意义的其他有害生物的货物，在出具《入境货物检验检疫证明》后予以放行，海关关员在《入境货物检验检疫证明》中注明"经隔离种植检疫，未发现检疫性有害生物，予以放行"；针对检出携带有上述有害生物的货物，海关关员在出具《检验检疫处理通知书》后要求企业作销毁处理；企业提出需对外索赔的，海关关员出具相应《植物检疫证书》。

十一、信息上报

入境检疫、隔离检疫和隔离种植过程中凡发现有害生物的，海关关员都应按有关规定和要求在进境植物疫情上报平台及时录入相关信息；发现重大植物疫情的，还应立即以书面形式向海关总署报告。

十二、有害生物监测

海关关员除按照进境植物繁殖材料检疫要求对植物繁殖材料进行检疫外，还需按照海关总署下达的国门生物安全监测方案，对纳入监测内容的植物繁殖材料有害生物按照监测指南要求开展监测；对照检疫审批单、双边贸易协定中注明关注的有害生物，在隔离种植期间，定时开展相关有害生物的监测。

针对监测过程中发现的可疑样品，海关关员需采样并送实验室检测鉴定，同时将监测到的疫情信息上报至直属海关动植物检疫部门，并有针对性地开展检疫处理。

十三、典型案例

（一）广州海关从自荷兰进境菠菜种子中截获藜草花叶病毒

2021 年 5 月，广东某农业科技公司在广州白云机场口岸申报一批来自荷兰的菠菜种子（重量为 50.923kg）。该票货物经海关关员现场检疫及抽样送实验室检疫，检出检疫性有害生物藜草花叶病毒。该批货物在海关工作人员的监督下实施了销毁处理。

（二）上海海关从自日本进境茶梅盆景中截获土壤

2021 年 5 月，苏州某园艺公司在上海外高桥口岸申报一批来自日本的茶梅盆景，数量 2 株。该票货物经海关关员现场检疫，发现违规携带土壤。该批货物在海关工作人员的监督下实施了销毁处理。

（三）上海海关从自荷兰进境的百合种球中截获南芥菜花叶病毒

2021 年 8 月，某花卉公司在上海洋山口岸申报了 5 票来自荷兰的百合种球，数量共 93150 个。该票货物经海关关员现场检疫及抽样送实验室检疫，检出检疫性有害生物南芥菜花叶病毒。该批货物在海关工作人员的监督下实施了深埋处理。

（四）昆明海关从自泰国进境的绿萝盆花中截获传带花生根结线虫和香蕉穿孔线虫

2021 年 4 月，云南某园艺公司在昆明长水机场口岸申报一批来自泰国的绿萝盆花，数量 19 株。该票货物经海关关员现场检疫及抽样送实验室检疫，检出检疫性有害生物传带花生根结线虫和香蕉穿孔线虫。该批货物在海关工作人员的监督下实施了销毁处理。

第二节
出境植物繁殖材料检疫流程

出境植物繁殖材料检疫主要包括出境种植企业/经营企业的注册登记、海关对注册登记企业的日常监管、出境货物的申报、现场检疫及抽采样、实验室检疫、检疫处理及合格评定、有害生物监测、出口违规调查等环节，具体环节及操作注意事项如下。

一、检疫注册登记

从事出境植物繁殖材料的种植、加工、存放企业和单位在从事出境贸易前，需申请出境种苗花卉生产经营企业注册，获得出口资质后方可从事具体的贸易业务。相对人可通过"互联网+海关"向所在地海关提交注册登记申请，经海关关员现场考核合格后，所在地直属海关批准并颁发注册登记证书和赋予注册登记号。

二、日常监管

海关关员根据我国出境繁殖材料的检疫监管要求、出口国家或地区的特殊监管要求、国门生物安全监测相关要求，对出境企业进行日常检疫监管，验证企业的质量控制情况及疫情监测落实情况。

三、货物申报

出境植物繁殖材料生产经营企业或其代理人通过国际贸易"单一窗口"向海关发送货物出口申报信息。海关关员在 e-CIQ 主干系统对相对人提交的申报信息的完整性、有效性、一致性进行审核；审核内容包括核查企业是否获得检疫注册登记资格、出口品种及数量等信息，对输入国（地区）须签发进口许可证的，检查是否上传相关凭证。经审核符合海关规定的，受理申报；否则，不受理申报。

四、现场检疫及抽采样

出境植物繁殖材料现场检疫人员需具备进出境植物检疫现场查验专家岗资质。在受理企业提交植物繁殖材料申报信息后，查检部门根据 e-CIQ 主干系统命中的布控指令，对命中需进行现场查验的货物进行出口前现场检疫；命中抽样送检指令的，进行取样送样；无命中查验和取样送检指令的，根据企业申报情况，结合对出口企业的日常监管情况、有害生物监测情况等进行出口货物的综合评定。

检疫人员现场检疫时，申报货物有生产批号的，以生产批为查验单位，无批号的以品种为单位，对每个查验单位按照该单位下总数量的 5%～20% 随机抽检，发现异常时需要加大抽查比例（以下简称"抽批规则"）。查验过程中使用查验 PAD 等记录查验关键点及异常情况。现场检疫主要步骤如下。

（一）检查环境卫生状况和铺垫材料

检查出境植物繁殖材料存放点周围环境的植物卫生情况，要求不得感染输入国（地区）关注的有害生物。检查装载的木质包装和铺垫材料有无携带检疫性或危险性有害生物，是否符合输入国（地区）的相关检疫要求。

（二）核对出境植物繁殖材料数量和品种

核对出境植物繁殖材料的品种和数量是否与申报数量相符，是否混有输入国（地区）禁止进境的树种。与申报品名、品种、批号不符的，不予出境；实际数量超过申报的，超过部分作不予出境；实际数量少于申报的，查明原因。

（三）检查货物的包装是否符合要求

所采用的保湿、包装材料是否符合输入国（地区）的检疫要求，对包装箱标识有要求的是否按要求标示相关标识，如货物名称、数量、生产批号、生产经营企业名称、注册登记号等信息。

（四）货物检疫及抽取样

货物检疫过程中按照输入国（地区）的检疫要求、需出具的《植物检疫证书》中附加声明的检疫要求、检疫处理要求等进行检疫，不同植物繁殖材料现场检疫关注的重点及抽取样要求与进境植物繁殖材料的检疫重点和抽取样要点类似，详见第一节的第五（三）部分。

（五）输入国（地区）有特殊要求的现场检疫

对输入国（地区）有特殊检疫要求的，海关关员应根据具体的特殊检疫要求进行出口检疫，以确保符合贸易国（地区）检疫要求。

1. 在中国介质兰花输往美国前 30 天内，植株及栽培介质必须由海关关员在指定温室内实施检疫，并确认不携带关注的有害生物。检疫后，应采取防护措施防止植株再次受感染。

2. 对输往韩国的香蕉穿孔线虫寄主植物种苗，应实施针对性出口检疫。

3. 美国、加拿大、荷兰等国（地区）禁止携带流动水的富贵竹进口。

4. 对输往欧盟的介质盆栽，检查出境盆栽存放地点周围环境的植物卫生情况，要求不得感染欧盟关注的有害生物，尤其是锈病；天牛寄主植物的根部和茎部要严格检疫，必要时要剖检。

5. 对输往加拿大的盆景植物，出口前必须在生产设施的无土介质上至少种植 4 个月，使用的介质必须是未使用过的且在加方可接受的材料范围内。

6. 输往泰国的介质盆栽，其介质中不得含有椰子成分。

五、实验室检疫

除现场检疫发现的有害生物、其他检疫物，根据输入国（地区）的检疫要求确定检测项目，现场查验关员抽取样品后通过实验室管理系统将样品送至有资质的实验室进行检疫，相关项目的方法参照第一节的第六部分。

六、检疫处理

根据输入国（地区）的检疫要求，政府及政府主管部门间双边植物检疫协定、协议、备忘录和议定书中规定及贸易合同或信用证订明的检疫处理要求以及我国的有关植物检疫规定，在植物繁殖材料出口前，海关关员指导和监督企业进行除害处理。

针对现场检疫时发现携带输入国（地区）关注的有害生物，根据植株所感染有害生物的实际情况，在海关的指导和监督下予以相应的杀虫、杀菌或杀线虫处理（包括喷洒、浸泡和物理切除等方法）；携带内寄生线虫而没有有效的除害处理方法的，不准出境。

七、合格评定

针对经出口前检疫或口岸查验合格的货物，出具《植物检疫证书》等有关单证。《植物检疫证书》等有关单证附加声明的内容应符合输入国（地区）的检疫要求，政府及政府主管部门间双边植物检疫协定、协议、备忘录和议定书中规定及贸易合同或信用证订明的有关要求以及我国的有关植物检疫规定。若在出口前经过检疫处理，则应在植物检疫证书中注明处理信息。

针对经出口前检疫或口岸查验不合格的货物，经有效方法处理后允许出境并出具《植物检疫证书》等有关单证。无有效方法处理的，签发《出境货物不合格通知单》，不准出境。

八、有害生物监测

海关关员除按照上述环节对出境植物繁殖材料检疫企业进行监管、对出口植物繁殖材料进行检疫外，还需按照海关总署国门生物安全监测方案，对纳入监测内容的植物繁殖材料有害生物按照监测指南要求开展监测，开展出口基地、包装厂的有害生物监测。针对监测过程中发现的可疑样品，采样并通过实验室管理系统送实验室检测鉴定，及时将监测到的疫情信息上报到直属海关动植物检疫部门，同时根据有害生物的特性有针对性地开展检疫处理。

九、出口违规调查

根据动植物卫生检疫（SPS）通报机制，出口植物繁殖材料被输入国（地区）检出不合格后，出口货物相关信息、检出不合格相关信息将被通报中方。海关总署国际检验检疫标准与技术法规研究中心将输入国（地区）通报的出口违规信息通过出口植物及其产品违规通报系统向各直属海关下达调查指令，各直属海关动植物检疫部门立即组织开展相关的违规调查，并将调查结果通过系统反馈。

调查方式包括系统调查、现场调查、采样检测、联合调查等多种方式。

系统调查：通过反馈的违规信息，查验 e-CIQ 主干系统的申报情况、查验情况及出证情况，以确定出口货物的具体情况及证书情况，再判断是否为系统操作错误、证书出具错误等。

现场调查：根据反馈的违规信息，实地调查违规企业，了解出口企业状况，查验出口企业相关出口单证、管理记录，以验证是否存在违规通报中的相关情况。

采样检测：针对反馈的违规信息中提及的有害生物，实地重新抽样检测，以验证是否存在被通报的有害生物。

联合调查：根据反馈的违规信息，联合当地农、林部门联合开展实地调查、开展监测普查，以验证是否存在被通报的违规情况。

第七章

植物繁殖材料检疫性
有害生物及检疫鉴定技术

CHAPTER 7

第一节
植物繁殖材料检疫性有害生物介绍

◇

一、检疫性有害生物种类

检疫性有害生物是指国家按法定程序公布的，出入境货物中禁止携带的危险性有害生物。大多数是国内尚未发生，或虽有局部发生但正在控制或扑灭中的外来有害生物，动植物检疫部门依法对其实施严格的检疫处理，以防止其扩散、定殖或传播。2007 年 5 月 29 日农业部公告第 862 号《中华人民共和国进境植物检疫性有害生物名录》发布 435 种（属）。2009 年 2 月 3 日增补 1 种。2010 年 10 月 20 日增补 1 种，2011 年 6 月 20 日增补 2 种（属），2012 年 9 月 17 日增补 1 种，2013 年 3 月 6 日增补 1 种。2021 年 4 月 9 日，农业农村部、海关总署第 413 号联合公告生效，在《中华人民共和国进境植物检疫性有害生物名录》中增补 5 种有害生物，使名录包含有害生物总数增加到 446 项，其中包括昆虫（148 项）、软体动物（9 项）、真菌（128 项）、原核生物（59 项）、线虫（20 项）、病毒及类病毒（41 项）、杂草（42 项）。

二、植物繁殖材料中常见检疫性真菌

（一）杜鹃花枯萎病菌

拉丁学名：*Ovulinia azaleae* F. A. Weiss。

异名：*Ovulitis azaleae*（F. A. Weiss）N. F. Buchw.；*Sclerotinia azaleae*（F. A. Weiss）Dennis。

英文名：petal blight of azaleas, Ovulinia petal blight。

分类地位：杜鹃花枯萎病菌隶属于真菌门（Fungi）、子囊菌亚门（Ascomycota）、子囊菌纲（Ascomycetes）、柔膜菌目（Helotiales）、核盘菌科

（Sclerotiniaceae）、卵孢核盘菌属［*Ovuliuia*（Kirk et al. 2008）］。1940 年由美国农业部的 Freeman Weiss 定名为 *Ovulinia azaleae* Weiss，其无性型为 *Ovulitus azaleae* Buchwald（Weiss，1940）。

分布：杜鹃花枯萎病菌最早于 1931 年在美国南卡罗来纳州发现并描述（Weiss，1940）。目前该病菌主要分布于美国、加拿大、阿根廷、德国、英国、瑞士、比利时、法国、荷兰、澳大利亚、新西兰以及日本。

寄主：杜鹃花枯萎病菌主要侵染杜鹃花科植物，包括映山红属（*Azalea*）、杜鹃花属（*Rhododendron*）、山月桂（*Kalmia latifolia*）、高灌蓝莓（*Vaccinium corymbosum*）、黑果木（*V. fuscatum*）、南方蓝莓（*V. tenellum*）、酸越橘（*Gaylussacia baccata*）。

症状及为害：杜鹃花枯萎病菌主要为害植物花器。病害发生初期在植物花瓣上产生圆形、直径约 1mm 的水浸状浅褐色斑点。在温暖潮湿的环境下，病斑迅速扩大或相互联合，花瓣软化，发展成为褐色到深褐色斑块并扩展至其他花瓣，造成花瓣变色、花期缩短、花朵下垂、容易脱落。在侵染 4~8 周后，病菌在花瓣上形成饼形或近饼形的菌核（图 7-1）。

图 7-1　杜鹃花枯萎病菌为害杜鹃花的症状

侵染循环：杜鹃花枯萎病菌的侵染循环主要包括以下 4 个阶段（Weiss，1940）。

——初侵染：在低温潮湿条件下，由菌核萌发产生子囊盘，子囊盘上着生子囊，子囊孢子成熟后由子囊释放，侵染杜鹃花。

——再侵染：借风雨向四周扩展蔓延，由受侵染杜鹃花上的病菌产生大型分生孢子后再侵染杜鹃花。

——侵染后期：在花瓣上的菌丝会产生大量小型分生孢子和菌核。

——完成侵染后：病菌在杜鹃花上形成菌核，菌核最终落到地面，来年在杜鹃花期再萌发形成子囊盘。

形态特征：在 PDA 培养基上，菌落边缘不规则，气生菌丝稀少，生长速度较慢，菌落周围未见大量色素产生。在 CMA 培养基上，生长速度较快，初期菌落呈白色，形成粗糙、质地较硬、毡状菌落，在培养基上产生黄褐色色素，导致后期菌落呈黄褐色，菌落边缘不规则，气生菌丝稀少。在 MEA 培养基上，停止生长（图 7-2）。

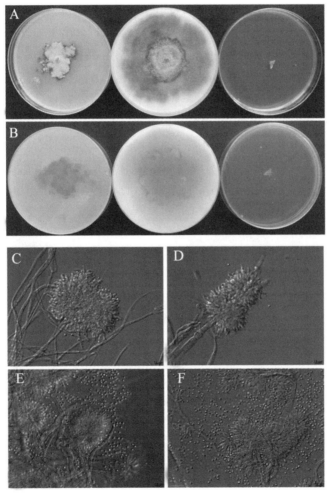

A：PDA、CMA、MEA 培养基上的菌落正面；B：PDA、CMA、MEA 培养基上的菌落反面；C，D：产孢瓶梗；E，F：小型分生孢子

图 7-2　菌株 OV5 的菌落和形态特征

菌核卵圆形或饼形，呈不规则状或明显杯状，凹面光滑。菌核大小为
（1.5mm~6mm）×（2mm~8mm）×（0.5mm~1.5mm）（图7-3），未成熟
时浅褐色，成熟时呈深褐色或黑色，可在培养基平板上产生菌核（图7-
4-A）。培养初期菌丝粗壮，无色。小型分生孢子球形或近球形，大小为
3.0μm~3.5μm，常产生于聚集成团的拟纺锤形菌丝尖端，有时呈短链状，
易脱落，常与菌核同时产生（图7-4-D）。培养条件下未见大型分生孢子，
未见有性阶段。

据报道，利用菌核诱导该病菌需10个月左右才能萌发子囊盘。子囊盘
杯状至漏斗状，褐色，具柄，从同一个菌核上可以长出1~3个不等的子囊
盘（最多8个），宽2mm~5mm；子囊柄直立或略弯曲，有时为弯曲丝状，
通常长2mm~3mm，宽0.5mm~1.5mm，但有时细长弯曲，长度可达
15mm~18mm，柄基部土黄色，顶部黄褐色；子实层表面红褐色至核桃色
不等；子囊圆柱形，大小为（130μm~260μm）×（9μm~14μm）；子囊孢
子椭圆形，大小为（10μm~18μm）×（8.5μm~10μm），单细胞，透明，
单列排列。大型分生孢子椭圆形或倒卵球形，大小为（40μm~60μm）×
（21μm~36μm），透明，在高湿条件下，呈棍棒状或梨状，长度可
达72μm。

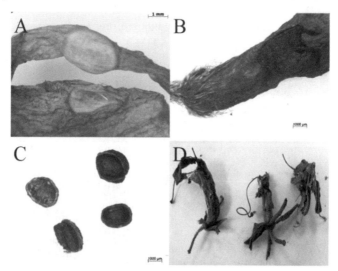

A：菌核形成早期；B：菌核形成后期；C：杯状菌核；D：携带菌核的干杜鹃花

图7-3　从杜鹃花中分离出的杜鹃花枯萎病菌菌核

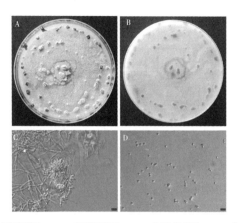

A：菌落正面（示菌核）；B：菌落反面；C：产孢瓶梗；D：小型分生孢子

图7-4 杜鹃花枯萎病菌在 PDA
培养基上的菌落及其微观形态特征

DNA 条形码：基于 rDNA ITS 基因序列构建杜鹃花枯萎病菌菌株 OV5 及其相关菌株的系统发育树如图 7-5 所示。

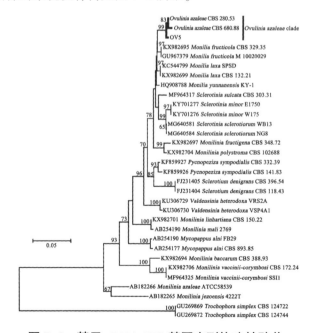

图7-5 基于 rDNA ITS 基因序列构建杜鹃花
枯萎病菌菌株 OV5 及其相关菌株的系统发育树

（二）山茶花腐病菌

拉丁学名：*Ciborinia camelliae* L. M. Kohn。

异名：*Sclerotinia camelliae* Hara；*Sclerotinia camelliae* H. N. Hansen & H. E. Thomas。

英文名：flower blight，petal blight。

分类地位：山茶花腐病菌隶属于真菌界（Fungi）、子囊菌门（Ascomycota）、锤舌菌纲（Leotiomycetes）、柔膜菌目（Helotiales）、核盘菌科（Sclerotiniaceae）、叶杯菌属（*Ciborinia*）。

分布：山茶花腐病菌最早于1919年在日本被报道和描述，Hara将其命名为*Sclerotinia camelliae* Hara。1940年，美国加利福尼亚州多个山茶属植物苗圃也报道了该病的发生。1993年，在新西兰惠灵顿发现该病害。该病菌已传入欧洲，包括法国、德国、爱尔兰、意大利、荷兰、葡萄牙、西班牙、瑞士、英国等国家（地区）。

寄主：山茶花腐病菌只侵染山茶属植物，如山茶花（*C. japonica*）、南山茶（*C. reticulata*）、茶梅（*C. sasanqua*），这些植物的栽培种和杂交种都可染病。

症状及为害：山茶花腐病菌只侵染山茶的花朵而不侵染其他部位。其为害的最初症状表现为花瓣上的脉变黑，随即出现褐斑并扩展，蔓延至整个花瓣，花瓣边缘腐烂。严重时，花朵中部变黑，完全坏死，干腐，最终脱落。但花的结构保持良好，即使花朵整个枯萎，经手挤压后花瓣也不会脱落。在花被侵染的后期，将花倒置并移除萼片，可见围绕花瓣基部出现一个白色至灰白色毛毯状近似环状的不育菌丝，像寄主的组织（图7-6）。该环状菌丝体是该病害的一个典型特征。茶梅感染该病菌后2~4周，菌核开始在花瓣基部即花萼处形成。不同菌核在大小和形状上有所变化，并可在花瓣以外的部位扩展（图7-7）。

图7-6　感染山茶花腐病菌后花瓣基部形成的白色环状菌丝体

A，B：受感染的茶梅；C，D：菌核和花

图7-7　茶梅感染山茶花腐病菌发病症状

侵染循环：山茶花腐病菌的年生活史开始于菌核萌发，菌核在夏季和秋季处于休眠状态，但到冬季可恢复活性，菌核萌发可产生子囊盘，释放的子囊孢子侵染新花，被侵染的花在落地后的2~4周内可形成菌核，随着花朵的分解，菌核落到土壤中，构成侵染循环（图7-8）。

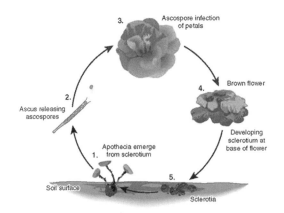

图7-8 山茶花腐病菌的年生活史

形态特征：成熟的菌核，黑色，薄片状、盘状或浅杯状，菌核多单独产生，但在花朵基部，由于寄主花萼作用可将多个菌核粘连在一起。菌核大小可达 12mm×10mm×2mm，不同菌核在大小和形状上有所变化（图7-9）。该病菌在有性态时产生子囊盘，子囊盘直径为 5mm～20mm，具柄。柄和盘表面具粉状菌绒，幼时米色至肉桂色，老熟变深。子囊含8个孢子，圆柱形，大小为（120μm～145μm）×（6μm～10.5μm）。子囊孢子透明，单胞，卵形至倒卵形，大小为（7.5μm～12.5μm）×（4μm～5μm）（图7-10）。

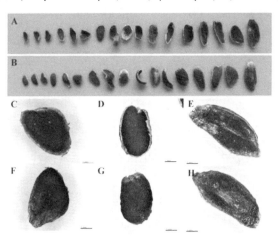

A，C～E：菌核的凹面；B，F～H：菌核的凸面

图7-9 山茶叶杯菌的菌核

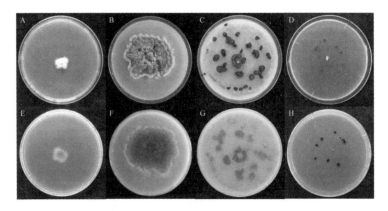

A~D：在 MEA、PDA、OA 和 CWA 培养基上的菌落（正面）；E~H：在 MEA、PDA、OA 和 CWA 培养基上的菌落（反面）

图 7-10　菌株 CM-2 在不同培养基上培养 10 天后的菌落和形态特征

　　在 PDA 培养基上，初期菌落呈白色，形成粗糙、质地较硬、毡状菌落，2 周左右开始产生菌核结构，菌核产于培养基表面，菌核直径（1.86mm~12.3mm）×（1.37mm~8.20mm），菌落边缘不规则。在培养基上菌核卵圆形或椭圆形，单独或连接生长。未成熟时白色，随时间延长，逐渐呈深褐色或黑色（图 7-11）。在 OA 培养基上，生长速度较快，初期菌落呈白色，在培养基上产生淡黄褐色色素，气生菌丝稀少，产生大量黑色菌核，菌核聚集或单独产生。在 MEA 培养基上，生长十分缓慢。在 CWA 培养基上，气生菌丝稀少，不易观察，但透光后可看到稀薄菌落，菌落生长速度较慢，可产生菌核，菌核产于培养基底部，呈近似圆状，单生分布于菌落边缘。以 OA 培养基上产生菌核最大，其次为 PDA 培养基，CWA 培养基上产生菌核最小。在上述培养基上未见有性阶段，但可观察到无性繁殖结构。分生孢子梗瓶梗状，透明至褐色，在分生孢子梗顶端产生小型分生孢子。小型分生孢子圆形至卵圆形，单核，含一个油球，直径 3.1μm~4.2μm。有些孢子可连接成短链（图 7-11）。

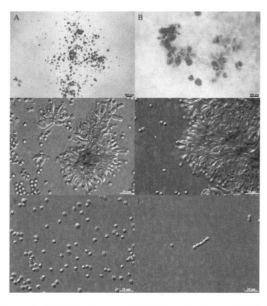

A，B：分生孢子座；C，D：产孢瓶梗；E，F：小型分生孢子

图 7-11　山茶叶杯菌菌株 CM-2 在 PDA 上的微观形态

DNA 条形码：β-tubulin，ITS，28S，基于 ITS 基因序列构建山茶叶杯菌菌株 CM-2 及其相关菌株的系统发育树见图 7-12。

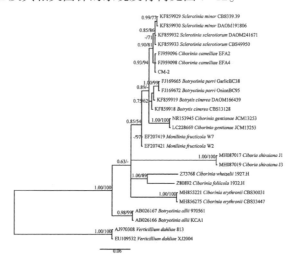

**图 7-12　基于 ITS 基因序列构建茶叶杯菌
菌株 CM-2 及其相关菌株的系统发育树**

口岸截获：日本茶梅，宁波，2019 年。

（三）可可花瘿病菌

拉丁学名：*Albonectria rigidiuscula*（Berk. & Broome）Rossman & Samuels。

异名：*Calonectria eburnea* Rehm；*Calonectria lichenigena* Speg.；*Calonectria rigidiuscula*（Berk. & Broome）Sacc.；*Calonectria sulcata* Starbäck；*Calonectria tetraspora*（Seaver）Sacc. & Trotter；*Fusarium decemcellulare* Brick；*Fusarium rigidiusculum* W. C. Snyder & H. N. Hansen；*Fusarium spicariae-colorantis* Sacc. & Trotter ex De Jonge；*Nectria rigidiuscula* Berk. & Broome；*Nectria rigidiuscula* f. theobromae E. J. Ford；*Scoleconectria tetraspora* Seaver；*Spicaria colorans* De Jonge。

英文名：cushion gall，green-point gall，die-back of cocoa，witches'broom of mango。

分类地位：可可花瘿病菌属于真菌（Fungi）、子囊菌门（Ascomycota）、粪壳菌纲（Sordariomycetes）、肉座菌目（Hypocreales）、丛赤壳科（Nectriaceae）、丛白壳属（*Albonectria*）。

分布：1978 年，Singh 在印度的毛叶枣活瘿上发现可可花瘿病菌。1993 年，在日本有该菌造成释迦顶枯病的报道（Togawa and Nomura，1998）。该病菌主要分布于热带和亚热带地区，包括大洋洲（澳大利亚、南太平洋岛屿）、非洲（喀麦隆、中非、刚果、加纳、科特迪瓦、马达加斯加、尼日利亚、塞拉利昂）、美洲（美国、哥斯达黎加、格林纳达、危地马拉、洪都拉斯、牙买加、尼加拉瓜、巴拿马、特立尼达和多巴哥、阿根廷、哥伦比亚、秘鲁、法属圭亚那、苏里南、委内瑞拉）、亚洲（日本、斯里兰卡、印度、印支半岛、印度尼西亚、马来西亚、菲律宾、以色列和中国台湾地区）、欧洲（俄罗斯、白俄罗斯、乌克兰等）。

寄主：可可花瘿病菌寄主范围较广，主要有 *Theobroma cacao* L.、水稻（*Oryza sativa*）、咖啡属（*Coffea* spp.）、芒果（*Mangifera indica*）、三叶胶属（*Hevea* spp.）、豆科（Leguminosae）、榴莲树（*Durio zibethinus*）、玉米（*Zea mays*）、印度枣（*Ziziphus zizyphus*）、鳄梨（*Persea americana*）、苜蓿（*Medicago sativa*）、番荔枝（*Annonaceae* sp.）、漆树科（Anacardiaceae sp.）、夹竹桃科（Apocynaceae sp.）、木棉科（Bombacaceae sp.）、大戟科

（Euphorbiaceae sp.）、锦葵科（Malvaceae sp.）、桑科（Moraceae sp.）等。

症状及为害：可可花瘿病菌可引起可可树新梢顶枯和枝条溃疡，偶尔引起茎腐、果腐和豆荚腐烂以及种子上坏死斑。在花芽、茎基和枝条等侵染部位可形成癌肿，为害茎基和枝条时造成萎蔫、畸形、根腐或枯梢。纵切枝杆可见维管束变褐色。

该病菌最常感染花瓣，形成花瘿，花瘿一般不开花，少有开花的但不能结果。肿瘤半球形，直径可达30cm~40cm。种苗最易感病，受感染的种苗2周内即可表现症状。病菌感染长势比较弱的枝梢时产生枯梢。

该病菌在可可上产生严重癌肿病害，严重时能够造成可可绝收，也能造成多种植物顶枯病的发生，在日本有该菌造成释迦顶枯病的报道。

侵染循环：该病菌主要通过伤口侵入寄主，侵染来源一是带病种苗，二是病株的残枝落叶。病菌主要通过寄主繁殖材料、带菌土壤进行远距离传播，病菌在病组织或土壤中可存活数年。通过风、雨、灌溉水冲溅及农事操作等途径进行近距离传播。

形态特征：该病菌菌落开始为白色，后逐渐变为乳白色至粉红色或黄色。在PDA培养基上菌丝生长茂盛，培养皿上菌落淡粉红色或黄色。培养皿中央可产生黏孢团，内有大量大型分生孢子（图7-13）。

图7-13　在PDA上的菌落形态特征

小型分生孢子着生于气生菌丝的小梗上，串生、假头生，分生孢子梗无色，有大量小型分生孢子产生于新生菌落中，小型分生孢子椭圆形至圆柱形，无色透明，具0~1个隔，大小为（2.8μm~9.3μm）×（2.4μm~5.6μm）（图7-14）。

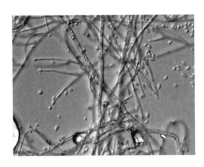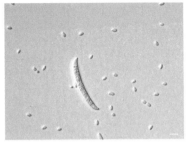

图 7-14　PDA 培养基上产生的小型分生孢子梗和小型分生孢子

大型分生孢子非常大，镰刀形或稍弯的柱形，透明，壁厚。顶孢略弯，渐缩小，多孢，通常有 5~9 个隔，多为 8 个隔，大小为（58.7μm~86.3μm）×（5.3μm~8.8μm）（图 7-15），比同属的其余种类都大，产孢细胞单瓶梗。未见到病原的有性态。

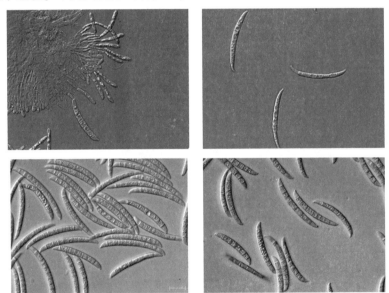

图 7-15　PDA 培养基上产生的大型分生孢子

DNA 条形码：TEF，根据 TEF 序列构建的可可花瘿病菌系统进化树见图 7-16。

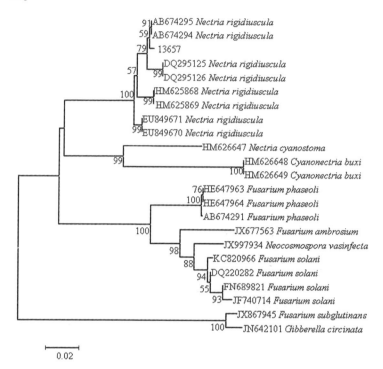

0.02

图 7-16　根据 TEF 序列构建的可可花瘿病菌系统进化树（邻接法）

以 *Fusarium subglutinans* 和 *Gibberella circinata* 为外群，分支处的数值为支持强度值，显示支持强度大于 50% 的分支强度值，1000 次重复，分支长度表示序列变化强度。

口岸截获：日本罗汉松，宁波，2013 年；越南释迦，重庆，2017 年。

（四）葡萄茎枯病菌

拉丁学名：*Didymella glomerata*（Corda）Qian Chen & L. Cai。

异名：*Aposphaeria glomerata*（Corda）Sacc.；*Coniothyrium glomeratum* Corda；*Peyronellaea glomerata*（Corda）Goid.；*Phoma glomerata*（Corda）Wollenw. & Hochapfel。

英文名：phoma spot of grape。

分类地位：葡萄茎枯病菌隶属于真菌门（Fungi）、子囊菌门（Ascomycota）、座囊菌纲（Dothideomycetes）、格孢腔菌目（Pleosporales）、黑座菌科（Valsaceae）、茎点霉属（*Phoma*）。

分布：葡萄茎枯病菌主要分布于意大利、希腊、瑞典、印度、澳大利亚、以色列、秘鲁、匈牙利、美国、加纳、南非、伊朗（贺艳等，2013）。

寄主：葡萄茎枯病菌寄主范围十分广泛，主要包括葡萄科（Vitaceae Lindley）、苹果属（*Malus* Mill.）、小麦（*Triticum aestivum* L.）、燕麦属（*Avena* Linn.）、马铃薯（*Solanum tuberosum*）、甘蔗属（*Saccharum* Linn.）、蚕豆（*Vicia faba*）、柑橘属（*Citrus* L.）、橄榄属（*Canarium* L.）、大豆（*Glycine max*）、桃属（*Amygdalus* L.）、番石榴（*Psidium guajave*）、杏（*Armeniaca vulgaris*）、杨属（*Populus* L.）、苜蓿属（*Medicago* L.）、棕榈属（*Trachycarpus* H. Wendland）等。

症状及为害：葡萄茎枯病菌能够侵染双子叶植物和针叶树，可以从土壤和植物根围中分离出来，分布在种子、土壤和植物残体中。能够引起树木叶斑病和软腐病，使葡萄藤花和葡萄枯萎。再侵染引起番茄、马铃薯块茎和柑橘腐烂；引起叶片和果实上的斑点，针叶类树木的枯萎。

该病菌侵染植物后，造成叶片斑点，果实腐烂，嫩芽和分枝的枯死、凋萎等多种症状。

采用波尔多液等铜制剂对该病加以控制效果不理想，该病菌在法国的亚麻种子中被发现，在加拿大亚麻种子中和油料种子残渣中也有发现，在阿尔及利亚 Bou-Saada 地区的细茎针茅（*Stipa tenacissima*）上分离到该病菌。在一些未鉴定的草类种子中也有发现，在加拿大，小麦、燕麦和大麦的种子中检测到极少量的病菌。

侵染循环：近距离传播方式主要通过分生孢子随着风雨传播以及密植土壤中休眠的厚垣孢子。远距离传播方式为厚垣孢子随着种子、土壤和繁殖材料传播。病菌也可以在颖片、果实、土壤和植物病残体中存活。

形态特征：菌丝体轻微耸立。在25℃下，在 PDA 和 MEA 培养基上生长速度较快，在 OA 培养基上生长略慢。在3种培养基上，菌落边缘颜色均为白色，较浅，而菌落中部颜色有所不同。在 PAD 培养基上，正/反面呈灰褐色/灰黑色；在 MEA 培养基上，正/反面呈红褐色/褐色，在 OA 培养基上，正/反面呈灰黑色/灰黑色，有大量黑色状小点为病菌的分生孢子器，个别菌株会产生砖格状厚垣孢子。

研究发现，不同菌株的葡萄茎枯病菌在 PDA 培养基上的菌落颜色、菌丝稀疏程度和分泌物颜色等均有差异。根据菌落形态的特点，可分为 3 种类型：Ⅰ型，菌落正/反面颜色为橄榄绿/橄榄绿，气生菌丝茂盛，产生大量黑褐色分生孢子器，分泌黑褐色或粉色分泌物；Ⅱ型，菌落正/反面颜色呈白色/白色，气生菌丝较茂盛，多产生褐色分生孢子器，分泌粉色分泌物；Ⅲ型，菌落正/反面呈黄褐色/黑褐色，气生菌丝较茂盛，产生黑褐色分生孢子器，多产生黑褐色分泌物。分生孢子器直径 50μm～300μm，分生孢子器上形成浅玫瑰红色分生孢子液。分生孢子器呈球状到半球状，颜色为褐色到黑褐色，单个或簇集。在砖格状厚垣孢子链之间形成小的分生孢子器。分生孢子器壁为拟薄壁组织。分生孢子通常为单细胞，无色透明，椭圆形至近圆柱形，直的或向内稍弯曲，有 1～3 个油球，大小为 ［3.3～6.15（5.09）］ μm× ［1.9～3.14（2.67）］ μm。厚垣孢子通常形成于分生孢子器或伸出的菌丝，形成分枝或不分枝的孢子链，厚垣孢子大小为 ［18～48（35.2）］ μm× ［7.4～18.7（13.8）］ μm（图 7-17）。

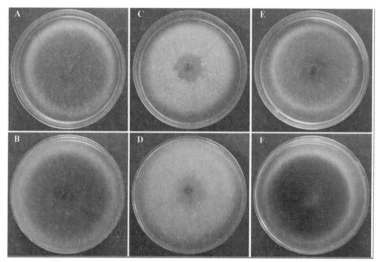

A，B：Ⅰ型菌株在 PDA 培养基上菌落正面/反面；C，D：Ⅱ型菌株在 PDA 培养基上菌落正面/反面；E，F：Ⅲ型菌株在 PDA 培养基上菌落正面/反面

图 7-17 PDA 培养基上葡萄茎枯病菌的菌落形态

DNA 条形码：ITS、actin、β-tubulin，ITS 序列的葡萄茎枯病菌系统发育树分析见图 7-18。

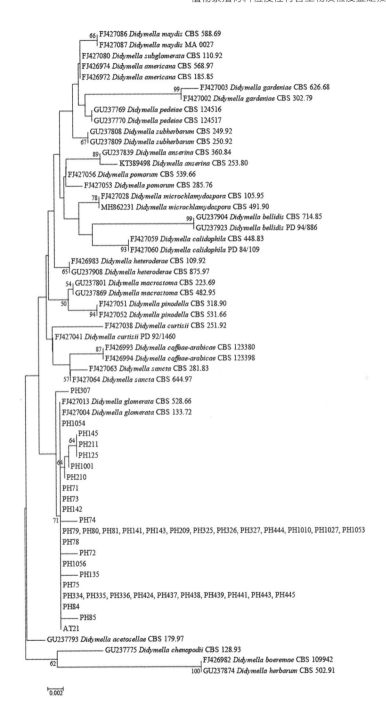

图 7-18 ITS 序列的葡萄茎枯病菌系统发育树分析

口岸截获：意大利苹果，宁波，2012 年。

（五）栎树猝死病菌

拉丁学名：*Phytophthora ramorum* Werres，De Cock & Man in't Veld。

英 文 名：sudden oak death syndrome（SODS），sudden oak death（SOD），Ramorum leaf blight，Ramorum dieback。

分类地位：栎树猝死病菌隶属于藻菌界（Chromista）、卵菌门（Oomycota）、霜霉纲（Peronosporea）、霜霉目（Peronosporales）、霜霉科（Peronosporaceae）。

分布：栎树猝死病菌于 1995 年首次在美国加利福尼亚州被发现，引起加利福尼亚州中部沿海的几个城市和郊区的森林、公园中的栎树和石栎树突然快速死亡。在随后 5 年中，病害不断扩散。该病菌主要分布在欧洲的比利时、克罗地亚、捷克、丹麦、芬兰、法国、德国、希腊、爱尔兰、意大利、立陶宛、荷兰、挪威、波兰、葡萄牙、塞尔维亚、斯洛文尼亚、西班牙、瑞典、瑞士、英国和北美洲的加拿大、美国。

寄主：栎树猝死病菌的寄主范围十分广泛，却呈不断扩展趋势。2023 年，USDA 网站发布的相关信息中，经柯赫氏法则验证的栎树猝死病菌的寄主植物有 78 种。与栎树猝死病菌相关，仅作为苗木进行监管的植物有 108 种，这些植物都是经分离培养或 PCR 检测到栎树猝死病菌，但还未经柯赫氏法则验证，也没有文献记载和通过审查的植物。

症状及为害：栎树猝死病菌是一种为害林木和观赏植物的毁灭性病菌。该病菌于 1993 年在德国和荷兰有枯萎症状的杜鹃花和荚莲上分离获得，1995 年美国加利福尼亚中北部沿海密花石栎上也发现了相似的病菌。该病害不仅为害严重、扩散迅速、寄主众多，而且难以控制。该病菌在美国引起森林、公园中成千上万棵栎树、石栎树枯死。

石栎树上的症状，发病初期表现为嫩梢枯萎，然后到整个树冠枯萎，老叶褪绿；几周后树叶变褐，仍挂在树枝上，此时整棵树死亡。钻开树干发现，无论在发病初期或后期，维管束组织都没有变色。剖开树皮，树干中部有葡萄酒红色的渗液流出，树干底部是褐色渗液，且树皮表面变色；树皮内可见西部栎树小蠹；夏季树皮裂开、变干并有流胶，流胶处聚集了很多炭团菌的子实体，树皮表面可见茶色至粉色的长条纹；地上的根部有刺激的酒精味，并不表现症状。在夏季死亡的石栎树最明显的特征是茎干上滋生大量的棘径小蠹。

感染栎树猝死病菌后，栎树的症状稍有不同。树干表现症状时，树叶仍为健康的绿色至黄绿色；树叶变为红褐色即意味着树木死亡；树干上有黄褐色至黑色的炭团菌的子实体；黏性的"流血"或红褐色流胶，西部栎树小蠹的蛀洞内有圆锥状红褐色的粪便和浅色、近白色的棘径小蠹；"流血"的下部是边缘末黑红色的凹陷或扁平的溃疡。树皮内部组织褪色，坏死区域的边缘有黑环围绕。

杜鹃花的症状主要是地上部、叶柄和叶片的叶脉失绿；叶片上有褐色病斑，坏死、干枯；茎部有凹陷溃疡斑，枝梢枯萎、扭曲，严重时坏死。在荚蒾上，症状表现为叶片死亡、脱落，留下深色的少叶茎秆，严重时植株死亡。该病害在山茶等花卉上的症状不明显，仅是在下部叶片上产生小的病斑，这些叶片常常脱落。

侵染循环：土壤、溪流、雨水是病菌近距离传播的主要途径，病菌远距离传播则主要与疫区土壤、感病苗木、病木及植物性材料远距离运输有关，一旦栎树猝死病菌在中国定植，就会迅速向周边区域蔓延扩散，即定植后扩散的可能性高。

形态特征：栎树猝死病菌的生长速度相对较慢，在PARP-V8选择性培养基和CPA胡萝卜丝上为每天2mm～3mm。PARP-V8培养基上生长的菌落稀薄，菌丝在培养基上生长，珊瑚状，气生菌丝极少；CPA培养基上生长的菌落呈同心环，稍稀疏，气生菌丝不多。该病菌在PARP-V8培养基上生长较好，菌落致密、平铺。

栎树猝死病菌在生长3天后开始产生大量的厚垣孢子，在黑暗的条件下产生较少分生孢子囊，有光照时可大量生成。

栎树猝死病菌的菌丝多节，高度分枝，弯曲，成树状结构，产生孢子囊、厚垣孢子和卵孢子。孢子囊大多为椭圆形、纺锤体形或者长卵形，有半乳突，易脱落，无柄或具有短柄，大小为（25μm～97μm）×（14μm～34μm），平均24μm×52μm，长宽比范围为1.8～2.4，孢子囊较长是它与其他近似种区分的重要特性。厚垣孢子由菌丝端产生，球形，壁薄，在培养基上先是透明的，然后发展至浅褐色、褐色，形态很大，直径一般为46.4μm～60.1μm。最大可达88μm，厚垣孢子大、产生丰富也是其主要特征之一。病菌为异宗配合，卵孢子大小为27.2μm～31.4μm。

DNA 条形码：Phyram1ITS，基于栎树猝死病菌及相关种类的 rDNA ITS 序列分析构建的系统发育树见图 7-19。

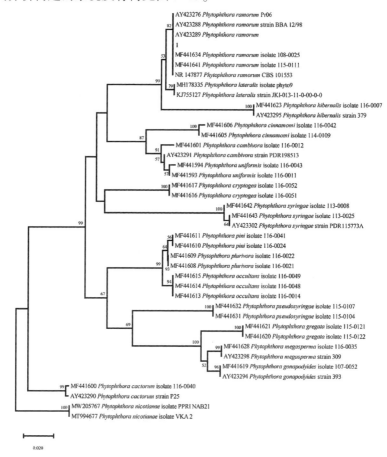

**图 7-19 基于栎树猝死病菌及相关种类的
rDNA ITS 序列分析构建的系统发育树**

口岸截获：天津海关 2006 年从比利时杜鹃种苗上截获该病菌；宁波海关 2013 年在自意大利和波兰进境的多种种苗介质中截获该病菌；宁波海关 2020 年从德国原木夹杂的水青冈植物叶片上截获该病菌。

三、植物繁殖材料中常见检疫性线虫

（一）苹果根结线虫

拉丁学名：*Meloidogyne mali* Itoh，Ohshima & Ichinohe，1969。

异名：无。

英文名：Apple root-knot nematode。

分类地位：小杆线虫目（Rhabditida），垫刃线虫亚目（Tylenchina），垫刃线虫总科（Tylenchoidea），根结线虫科（Meloidogynidae），根结线虫亚科（Meloidogyninae），根结线虫属（*Meloidogyne*）。

分布：日本、意大利、荷兰、法国、比利时、英国和美国。

寄主：苹果（*Malus pumila*）、楸子（*Malus prunifolia*）、三叶海棠（*Malus sieboldii*）、日本晚樱（*Prunus serrulata*）、月季（*Rosa chinensis*）、鲜红水杨梅（*Geum coccineum*）、葡萄（*Vitis vinifera*）、覆盆子（*Rubus idaeus*）、欧洲花楸（*Sorbus aucuparia*）、山桑（*Morus mongolica*）、无花果（*Ficus carica*）、柘（*Cudrania tricuspidata*）、构树（*Broussonetia papyrifera*）、小构树（*Broussonetia kazinoki*）、日本栗（*Castanea crenata*）、欧洲水青冈（*Fagus longipetiolata*）、夏栎（*Quercus robur*）、春榆（*Ulmus davidiana*）、琅琊榆（*Ulmus chenmoui*）、光榆（*Ulmus glabra*）、比利时榆（*Ulmus hollandica*）、鸡爪槭（*Acer palmatum*）、桐叶槭（*Acer pseudoplatanus*）、白三叶（*Trifolium repens*）、欧洲红豆杉（*Taxus baccata*）、小花凤仙花（*Impatiens balsamina*）、番茄（*Solanum lycopersicum*）、茄子（*Solanum melongena*）、辣椒（*Capsicum annuum*）、黄瓜（*Cucumis sativus*）、中国南瓜属（*Cucurbita* spp.）、西瓜（*Citrillus vulgaris*）、大白菜（*Brassica pekinensis*）、结球甘蓝（*Brassica oleracea* var. *capitata*）、甘蓝型油菜（*Brassica napus* var. *oleifera*）、牛蒡（*Arcutium lappa*）、蒲公英（*Taraxacum ofcinale*）、胡萝卜（*Daucus carota*）、大豆（*Glycine max*）、异株荨麻（*Urtica dioica*）、欧洲鳞毛蕨（*Dryopteris flix*）、刺叶鳞毛蕨（*Dryopteris carthusiana*）、纤细老鹳草（*Geranium robertianum*）。

症状及为害：苹果根结线虫能在寄主植物根部形成串珠状的巨大根结，影响寄主水分和营养成分的吸收，导致根系受损，生长发育缓慢。在日本，该种线虫造成的苹果产量损失高达40%，它还是日本桑树最重要的病原线虫，可使桑树变矮、叶片减小，严重时导致桑树死亡。桑树盆栽接种试验表明，接种苹果根结线虫后，一年内有 30%~60% 的桑树死亡。对 2~3 年生的桑树接种，对叶片产量的影响达 10%~20%。

侵染循环：主要以卵和 2 龄幼虫直接在土壤中越冬，或者以卵和 2 龄幼虫在根结内越冬。在土壤无寄主植物的情况下可存活 3 年左右。2 龄幼虫为根结线虫侵染阶段，通常由根尖侵入。线虫在寄主根结或根瘤内生长发育至 4 龄幼虫，之后雄虫与雌虫交尾，交尾后雌虫在根结内产卵，雄虫钻出寄主组织进入土中自然死亡。根结内的卵孵化成 2 龄幼虫，离开寄主进入土中，生活一段时间重新侵入寄主或留在土壤中越冬。

形态特征：雌虫虫体梨形或球形，颈部明显。肛门和阴门周围的表皮略高，导致会阴花纹和肛门、阴门不在焦平面上。会阴花纹卵圆形或扁卵圆形，线纹平滑细密（图 7-20）。背弓和腹弓均低平。有些横纹从侧面伸向阴门的两端，尾端有环形线纹。侧尾腺口大，有 1 个明显的纹线向后弯跨侧尾腺口。侧尾腺间距为 $21.4\mu m \pm 2.5\mu m$（$18.1\mu m \sim 26.0\mu m$），略大于阴门裂宽 $20.5\mu m \pm 2.1\mu m$（$17.5\mu m \sim 25.5\mu m$），有时等宽。侧区有侧线 1~2 条。阴门与侧尾腺的直线距离为 $25.8\mu m \pm 1.9\mu m$（$23.0\mu m \sim 28.6\mu m$），阴门与肛门的距离为 $16.9\mu m \pm 1.5\mu m$（$15.1\mu m \sim 20.3\mu m$）。

雄虫热杀死后虫体后端略腹弯。侧线 4 条（图 7-20），侧尾腺在肛门略后。口针粗壮，前端尖细，基部球圆。DGO 为 $6\mu m \sim 13\mu m$。单精巢，长约 $800\mu m$。交合刺稍向腹弯，末端钝圆。引带短，新月形。

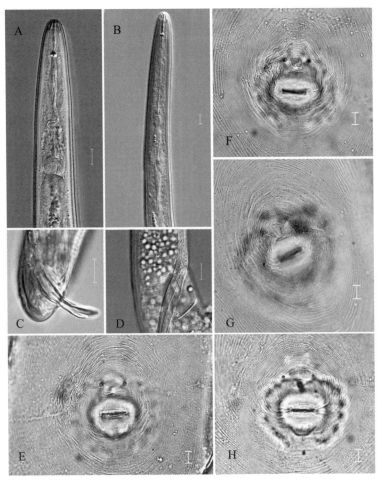

A，B：雄虫头部；C：雄虫交合刺；D：雄虫侧线；E～H：雌虫会阴
花纹

图 7-20　苹果根结线虫雄虫及雌虫会阴花纹

2 龄幼虫体纤细，环纹清晰，侧线 4 条（图 7-21）。头区略缢缩，唇
环光滑，唇冠低。口针纤细，基部球显著，中食道球卵圆形。尾圆锥形，
透明区附近体壁常有缢缩，尾末端多数近尖，偶尔钝圆或不规则。直肠不
膨大。

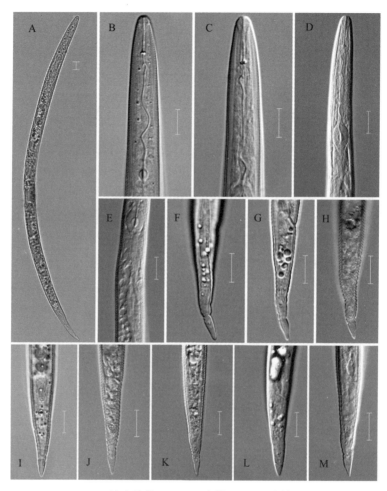

A：幼虫整体；B~E：头部；F~M：尾部

图 7-21 苹果根结线虫 2 龄幼虫

2 龄幼虫是检测过程中常见的虫态，而雌虫和雄虫的测量数据对种类鉴定的作用有限，因此表 7-1 仅列出 2 龄幼虫的主要测计值。

表 7-1　苹果根结线虫和山茶根结线虫 2 龄幼虫测计值与原始文献比较表

单位：μm

测计特征	苹果根结线虫（顾建锋等，2013）	苹果根结线虫（Itoh 等，1969）	苹果根结线虫（Palmisano 等，2000）	山茶根结线虫（王江岭等，2013）	山茶根结线虫（Golden，1978）
n	20	25	30	25	70
体长	425±30.1（362~466）	418（390~450）	413±20.6（373~460）	512±26.4（462~560）	501±21（443~576）
最大体宽	14.0±1.1（13.1~18.1）	14.5（14~16）	14.2±1.8（12.1~18.2）	17.1±1.5（15.4~21.3）	—
口针长	10.5±0.5（9.5~11.6）	14（12~15）	10.0±0.8（8.5~11.1）	11.6±0.5（10.7~12.3）	11.6±0.2（11.2~12）
DGO	4.4±0.57（3.5~5.5）	4.7（4~6）	3.6±0.4（3.0~4.8）	3.9±0.6（3.1~5.2）	3.7±0.4（3~4.5）
尾长	32.7±3.0（29.2~39.3）	31（30~34）	31.3±3.1（24.2~37.5）	46.1±4.1（40.4~55.4）	47±3.1（40~56）
肛门处体宽	7.9±0.9（5.9~9.6）	8.5（7~9）	8.4±1.0（7.3~10.9）	10.8±0.9（9.6~12.7）	—
透明尾长	7.2±2.3（3.9~9.3）	—	8.2±1.8（4.8~12.7）	3.7±1.9（1.4~6.6）	6.3±1.4（4~8.9）
a	30.4±2.6（25.2~34.5）	28.5（27~31）	29.5±3.4（22.3~35.5）	30.1±2.9（22.6~33.8）	26±1.8（21~30）
c	13.2±1.1（11.6~15.3）	13.3（12~15）	13.3±1.2（11.5~16.6）	11.1±1.0（9.2~12.7）	10.7±0.6（9.5~12）
c'	4.2±0.7（3.1~5.6）	3.7（3~5）	3.7±0.5（2.5~4.7）	4.3±0.5（3.2~5.1）	—

　　DNA 条形码：28S 基因，其系统发育树见图 7-22。

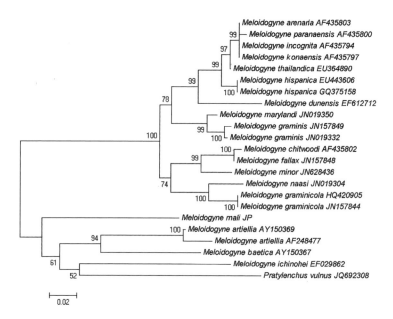

图 7-22　基于 28S DNA 序列构建的苹果根结线虫系统发育树

在 BLAST 结果中查看序列相似性最高的物种，一般为与查询序列最接近的物种。若 BLAST 比对结果显示，待测样品序列与已知的苹果根结线虫序列（GenBank 中登录号为 JX978226.1、JX978227.1、KX430177.1、KF880399.1、KF880398.1 等）相似性（Ident 值）达 95% 以上，与其他种类的相似性小于 93%，可判定为苹果根结线虫。待测样品序列与已知的苹果根结线虫相似性低于 95%，则可能不是苹果根结线虫。

若系统发育树显示待测样品序列与已知所有苹果根结线虫均聚集在同一进化分支，可判定该线虫样品为苹果根结线虫。若待测样品序列与已知苹果根结线虫分散在不同进化分支，可判定为该线虫样品不是苹果根结线虫。

口岸截获：自 2012 年 2 月以来，宁波口岸多次从来自日本的鸡爪槭（*Acer palmatum*）根和根围介质中截获苹果根结线虫。

（二）日本短体线虫

拉丁学名：*Pratylenchus japonicus* Ryss，1988。

异名：无。

英文名：Japanese root-lesion nematode。

分类地位：小杆线虫目（Rhabditida），垫刃线虫亚目（Tylenchina），垫刃线虫总科（Tylenchoidea），短体线虫科（Pratylenchidae），短体线虫亚科（Pratylenchinae），短体线虫属（*Pratylenchus*）。

分布：日本。

寄主：扁果麻栎（*Quercus acutissima*）、柞栎（*Q. dentata*）、枹栎（*Q. serrata*）、苹果（*Malus domestica*）、枇杷（*Eriobotrya japonica*）、矮樱（*Prunus jamasakura*）等。

症状及为害：日本短体线虫是一类植物根系迁移性内寄生线虫，不仅能直接取食并破坏根组织细胞，所造成的伤口还能引起其他病菌入侵，导致根系表皮破损和内部组织的腐烂，严重时植物死亡。

侵染循环：日本短体线虫通常寄生于根内，但可在根和土壤中自由移动。卵常产在植物组织内或土壤中。以 2 龄幼虫孵出，经过一次蜕皮后成为 3 龄幼虫，再蜕一次就成 4 龄幼虫。4 龄幼虫再蜕皮成为可进行繁殖的成虫。幼虫、成虫都可取食根表皮的细胞并在皮内寄生。在种植期内可见到各龄虫态，但 4 龄幼虫和成虫是主要的越冬虫态。

形态特征：雌虫热杀死后虫体略弯向腹面。唇区高圆，与体壁连续，无明显缢缩。唇区有 3 个较浅的唇环，第 1 个唇环前缘凸起。口针较长，基部球发达，前端平或圆。背食道腺开口离口针基部球 2.9 ± 0.8（$1.9\sim4.0$）μm。中食道球卵圆形，占该处体宽的一半，瓣门明显。食道腺末端叶状，腹面覆盖肠端。半月体明显，略位于排泄孔前。侧线 4 条，阴道略前倾，约占阴门处体宽的一半。单生殖管，前伸，卵母细胞单行排列；受精囊一般呈圆形，不清晰，无精子，长 7.6μm～9.7μm，宽 5.6μm～7.6μm；后阴子宫囊未明显分化，较短，长约为阴门处体宽。尾呈圆锥形或近圆柱形，尾末端光滑无环纹，形态多变，大部分圆形，有时钝尖，偶见末端凹陷（图 7-23、图 7-24）。

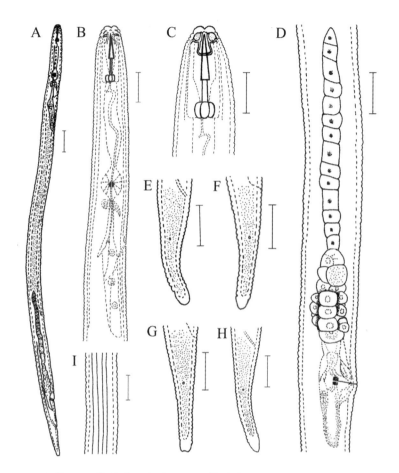

A：整体；B：体前端至食道区；C：体前端；D：阴门及生殖管；

E~H：尾部；I：侧线（A 和 D 图标尺 = 20μm，其余图标尺 = 10μm）

图 7-23　日本短体线虫雌虫的墨线图

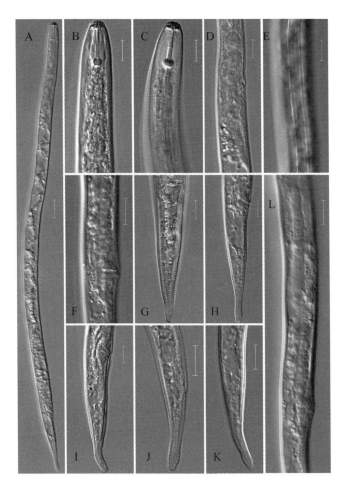

A：整体；B~C：体前端；D：食道；E：侧线；F：阴门；
G~K：尾部；L：生殖管（A 和 L 图标尺＝20μm，其余图
标尺＝10μm）

图 7-24　日本短体线虫雌虫的形态图

测计值：表 7-2 列出了 3 个日本短体线虫群体雌虫的主要测计值。

表 7-2　截获的日本短体线虫群体与原始描述群体的雌虫测计值比较表

单位：μm

测计特征	日本短体线虫不同群体测计值		
	截获的日本群体	原始描述群体 （Minagawa，1982）	原始描述群体 （Mizukubo et al.，1997）
n	13	50	18
L	564± 70 （455~681）	521± 58 （437~698）	521± 58. 3 （404~616）
a	28. 6±2. 5 （24. 5~33. 1）	25. 3±3. 4 （16~36. 6）	31. 7±2. 62 （24. 7~36）
b	5. 9±0. 2 （5. 4~6. 1）	7. 0±1. 0 （5. 3~10. 3）	6. 4±0. 56 （5. 6~7. 1）
b'	4. 0±0. 2 （3. 4~4. 1）	—	4. 0±0. 49 （3. 1~5. 1）
c	18. 2±2. 0 （15. 1~20. 8）	17. 4±2. 1 （12. 9~20. 7）	17. 6±2. 83 （13. 3~23. 5）
c'	3. 1±0. 4 （2. 3~3. 9）	2. 9±0. 9 （1. 4~4. 5）	3. 2±0. 35 （2. 6~3. 8）
V	86. 6±1. 1 （84. 0~88. 7）	86. 4±1. 3 （82. 8~89. 2）	86. 2±1. 21 （84. 3~88. 2）
口针长	20. 1±1. 1 （17. 0~21. 2）	19. 3±0. 7 （18. 3~20. 8）	19. 8±0. 70 （18. 3~21. 3）
口针基部球高	3. 2±0. 3 （2. 9~3. 7）	2. 8±0. 3 （2. 5~3. 2）	3. 7±0. 33 （3. 3~4. 6）
口针基部球宽	4. 6±0. 4 （3. 9~5. 1）	3. 9±0. 3 （2. 5~5. 1）	4. 7±0. 34 （4. 3~5. 6）
口针基部球宽/高	1. 4±0. 2 （1. 1~1. 8）	—	1. 3±0. 14 （0. 9~1. 5）
DGO	2. 9±0. 8 （1. 9~4. 0）	—	3. 3±0. 34 （2. 9~3. 9）
头前端至中食道球距离	60. 0±7. 3 （44. 7~68. 3）	—	—

表7-2 续

测计特征	日本短体线虫不同群体测计值		
	截获的日本群体	原始描述群体 （Minagawa，1982）	原始描述群体 （Mizukubo et al.，1997）
头前端至排泄孔距离	88.2±11.0 （61.4~98.6）	83.4±6.0 （70.7~97.3）	83±7.33 （65~92）
头前端至半月体距离	80.4±10.2 （57.8~86.8）	—	—
肠交接至食道腺末距离	46.4±7.3 （36.8~56.8）		46.3±11.1 （29.5~66.8）
最大体宽	19.6±2.5 （15.9~25.8）	—	16.5±1.85 （13.7~20.9）
阴门体宽	16.9±2.7 （13.7~23.1）	—	14.6±1.39 （12.4~17.7）
肛门处体宽	10.4±1.3 （8.2~12.3）	—	9.3±0.82 （7.9~11.1）
肛阴距	38.9±4.3 （34.1~46.5）	—	41±6.0 （28~52）
尾长	31.4±3.9 （25.0~39.2）	29.9±3.2 （24.0~37.9）	30.0±2.87 （23.6~34.0）
尾环数	26.5±2.5 （22~30）	24±2.0 （20~29）	21.9±2.20 （19~26）
后阴子宫囊长	18.1±2.9 （12.4~21.5）	15.8±5.8 （9.5~29.7）	13.4±2.99 （8.5~19.6）
后阴子宫囊/肛阴距（%）	45.7±9.2 （31.4~56.3）		33.6±10.9 （16.5~58.1）
受精囊至阴门处距离	32.5±2.9 （28.8~35.6）	—	44

RFLP 酶切图谱：由于短体属线虫种的鉴定特征有限，且鉴定特征在种内也存在变异，因此对两次截获的日本群体进行了分子生物学特征鉴定。日本群体 rDNA 的 ITS 区扩增片段产物大小约为 850bp（图 7-25 条带 1），产物经限制性内切酶 *Alu* I 酶切后的片段大小为 380bp、380bp 和 80bp，*Hha* I 酶切后的片段大小为 400bp、350bp 和 110bp，*Hinf* I 酶切后的片段大小为 400bp、180bp、150bp 和 130bp，*Hae* III 酶切后的片段大小为

500bp 和 350bp，它们的 ITS-RFLP 酶切图谱见图 7-25。

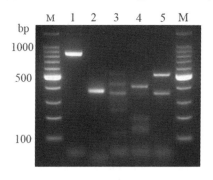

M：DL100bp DNA Marker；1：PCR 产物；2：*Alu* I；3：*Hha* I；4：*Hinf* I；5：*Hae* III

图 7-25　日本短体线虫 ITS-RFLP 酶切图谱

DNA 条形码：ITS 基因、28S 基因。

从基于 rDNA-ITS 序列构建的系统发育树（图 7-26）可以看出，2 个日本线虫群体（GenBank 登录号分别为 KF452048 和 KF452049）聚类在一个独立的分支上，而从 28S D2/D3 区序列构建的系统发育树（图 7-27）可以看出，2 个日本群体（登录号分别为 KF385444 和 KF385445）与草地短体线虫（*P. pratensis*）（登录号为 AM231929）聚类在同一进化分支上，二者亲缘关系最近。系统发育进化揭示了日本群体为独立的短体线虫种类。ITS 基因和 28S 基因均可作为日本短体线虫的条形码基因。

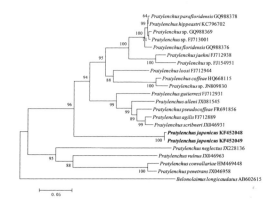

图 7-26　基于 rDNA-ITS 序列构建的
短体属线虫群体系统发育树

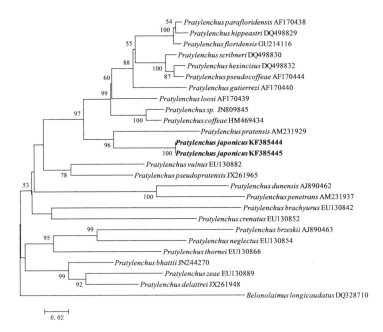

**图 7-27　基于 28S-D2/D3 序列构建的短体
属线虫群体系统发育树**

口岸截获：自 2013 年以来，宁波口岸数次从来自日本的鸡爪槭（*Acer palmatum*）根围介质中截获日本短体线虫。

（三）里夫丝剑线虫

拉丁学名：*Xiphinema rivesi* Dalmasso，1969。

异名：无。

英文名：Rivers dagger nematode。

分类地位：矛线线虫目（Dorylaimida），矛线线虫亚目（Dorylaimina），长针线虫总科（Longidoridae），长针线虫科（Longidoridae），剑线虫亚科（Xiphinematinae），剑线虫属（*Xiphinema*）。

分布：美国、加拿大、意大利、法国、葡萄牙、西班牙、德国、斯洛文尼亚等地。

寄主：苹果（*Malus domestica*）、葡萄（*Vitis* spp.）、桃（*Prunus persica*）、悬钩子（*Rubus* spp.）、胡桃科（Juglandaceae）、白杨（*Populus* spp.）、桧属（*Juniperus* spp.）、朴属（*Celtis* spp.）、栎属（*Quercus* spp.）。

症状及为害：该线虫属于美洲剑线虫组成员，能传播 3 种植物病毒，分别为樱桃锉叶病毒（Cherry rasp leaf nepovirus，CRLV）、烟草环斑病毒（Tobacco ringspot virus，TRSV）和番茄环斑病毒（Tomato ringspot virus，ToRSV）。因此，它不仅能直接为害寄主植物，影响根系生长，造成根系肿大或坏死等症状，而且严重影响植物生长。

侵染循环：该线虫为植物外寄生线虫，雄虫罕见，孤雌生殖。其寄主范围广，主要为木本植物，也包括草本植物。取食时用口针穿刺植物根尖，吸取组织细胞中的营养。在早春以幼虫为主要形态，因此土壤中可分离到大量幼虫。秋冬季节，土壤中线虫的整体数量达到最高，是夏季线虫数量的 2 倍。该线虫生产缓慢，完成一次生活周期需一年左右，繁殖的最适宜温度为 24℃。

形态特征：雌虫热杀死后虫体呈 C 形，身体两端渐变细。唇区圆形，宽度为 10μm，唇区与体壁连续，无缢缩，但有时稍缢缩。角质层光滑，厚 2μm，在身体末端加厚，在尾部腹面处角质层最厚，为 5μm～6μm。侧器囊马镫形，侧器口裂缝状，约为唇区宽度的一半。齿尖针粗壮，长 87μm，齿托基部凸缘状，长 48μm。导环鞘长 2μm～9μm，有双导环，均位于齿尖针后半部。基部导环距离头前端 74μm。食道球大约占整个食道长度的一半。食道球长 62μm～94μm、宽 14μm～20μm，2 或 3 个食道腺核清晰可见。贲门钝圆锥形，长度与宽度几乎相同。阴门横裂，大约位于身体中间。阴道大约占相应体宽的 44%。双生殖腺，对生，末端有回折，无受精囊。子宫很短，几乎与阴门处体宽一样长，无 Z 形分化结构。尾部钝圆锥形，背面弯曲，腹面直或稍弯，平均长度为 33μm，尾长约为肛门体宽的 1.5 倍，尾端钝圆。透明尾长为 7μm，宽为 8μm。尾部有 2 个尾孔（图 7-28、图 7-29）。未发现雄虫。

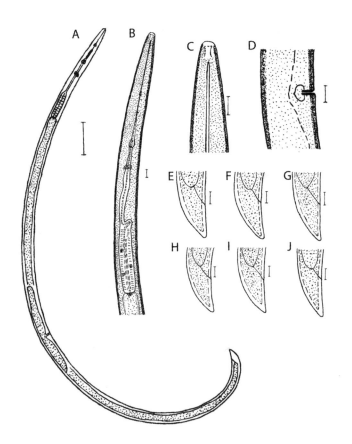

A：整体；B：体前端至食道区；C：体前端；D：阴门；E~J：
尾部（A 图标尺＝100μm，其余图标尺＝10μm）

图 7-28　里夫丝剑线虫雌虫的墨线图

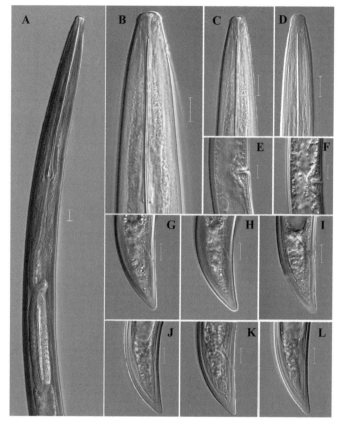

A：体前端至食道区；B~D：体前端；E，F：阴门；G~L：
尾部（标尺＝10μm）

图7-29 里夫丝剑线虫雌虫的形态图

里夫丝剑线虫意大利群体测计值与原始文献的比较如表7-3所示。

表7-3 里夫丝剑线虫意大利群体测计值与原始文献的比较

单位：μm

测计项目	意大利群体	法国群体（Dalmasso，1969）
n	23	—
L	1853±87.8（1671~2069）	1960（1680~2100）
a	51.1±3.3（44.4~56.6）	41.8（37~49）
b	6.3±0.6（5.6~7.7）	6.3（5.7~6.9）

表7-3　续

测计项目	意大利群体	法国群体（Dalmasso，1969）
c	57.4±5.6（48.3~68.2）	55.5（51~59）
c'	1.5±0.2（1.3~1.9）	—
V	53.8±1.4（51.8~57.7）	52.2（51~54）
唇区直径	10±0.7（8.3~10.9）	—
齿尖针长	86.6±3.9（74~93.3）	96（90~101）
齿托长	47.5±2.3（42.6~51.6）	51（48~57）
口针总长	134.2±6.2（116.6~144.9）	147（140~151）
导环鞘长度	4.5±2.1（2~8.9）	—
口孔至导环的距离	73.8±3.4（63.7~77.5）	76（71~79）
口孔至食道腺末端的距离	295±26.5（247.4~342.3）	—
体前端至阴门的距离	995.9±47（914~1107.9）	—
食道长	147±25.2（100.6~183.5）	—
食道球长	73.1±7（62~93.8）	—
食道球宽	16.4±1.6（14.2~20.4）	—
食道球占食道总长的比例	0.5±0.1（0.4~0.7）	—
最大体宽	36.6±2.8（31.8~42.3）	—
阴门处体宽	35.3±2.5（30.5~39.5）	—
食道球基部体宽	31.4±2.7（26.2~37.5）	—
导环处体宽	25.2±1.6（21.2~28）	—
前生殖管长	172.±24.7（118.9~228.3）	—
后生殖管长	149.±24.9（105.6~196.1）	—
阴道占阴门处体宽的比例	0.4±0.1（0.4~0.6）	—
尾长	32.5±3（25.9~38.6）	35（30~40）
肛门处体宽	21.3±1.6（18.1~24.2）	26（23~29）
透明尾长	7.2±1.2（5.3~10.9）	—
透明尾起始处体宽	8.3±1.0（6.7~10.4）	—

DNA 条形码：ITS 基因、28S 基因。

里夫丝剑线虫基于 rDNA 28S 序列的系统发育树见图 7-30。从意大利
苗木中截获的编号为 NB1、NB2 和 NB3 线虫的序列与基因库中已经登录的
Xiphinema rivesi（AY210845）位于同一进化枝上，亲缘关系最近，这与形
态方面的结果一致。

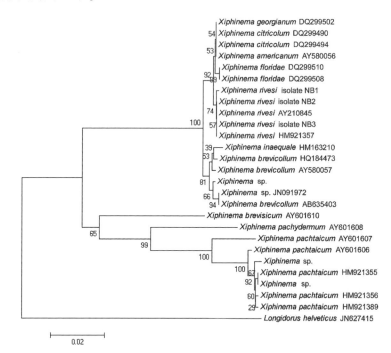

图 7-30　里夫丝剑线虫基于 rDNA 28S 序列的系统发育树

里夫丝剑线虫基于 rDNA ITS 序列的系统发育树见图 7-31。从意大利
苗木中截获的编号为 NB1 线虫的序列与基因库中已经登录的 *Xiphinema
rivesi*（HM921338）、*Xiphinema thornei*（AY430176）、*Xiphinema inaequale*
（GQ231530）位于同一进化枝上，亲缘关系最近。

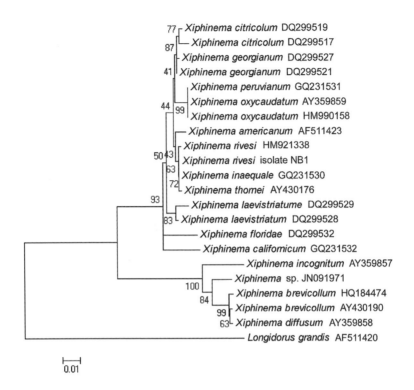

图 7-31　里夫丝剑线虫基于 rDNA ITS 序列的系统发育树

ITS 基因和 28S 基因均可作为里夫丝剑线虫的条形码基因。

口岸截获：2003 年以来，宁波口岸多次从来自意大利的地中海柏木和苹果的根际介质中截获该线虫。

四、植物繁殖材料中常见检疫性细菌

（一）马铃薯黑胫病菌

拉丁学名：*Dickeya solani* sp. nov. van der Wolf et al.，2014。

异名：biovar 3Dickeya spp. ；*Dickeya solani*。

英文名：Blackleg of potato。

分类地位：薄壁细菌门（Gracilicutes），肠杆菌科（Enterobacteriaceae），狄克氏菌属（*Dickeya*）。

分布：欧洲的荷兰、波兰、希腊、英国、芬兰、法国、比利时、西班牙；亚洲的以色列。

寄主：马铃薯（*Solanum tuberosum*）和风信子（*Hyacinthus orientalis*）。

症状及为害：典型症状为受害马铃薯植株茎基部变黑，维管束组织受损导致植株萎蔫，块茎发生软腐，症状可能会因种薯品种不同而有差异，有时没有明显黑胫症状的植株也会萎蔫，在英国观察到受马铃薯黑胫病菌侵染的种薯，萎蔫率达到20%。

病菌主要侵染茎基部和薯块，在马铃薯的各个生长阶段均可发病。病菌主要通过带菌种薯传播，由伤口或茎皮孔侵入，导致地下部块茎腐烂与地上部植株茎腐及叶片枯死。发病较重的块茎播种后，种薯不发芽，或刚发芽就烂在土中，不能出苗；有的幼苗出土后病害发展到茎部，很快死亡，常造成成苗率低的问题。早期病株萎蔫枯死，常不能结薯。发病较轻或较晚的植株，只有部分枝叶发病，病症不明显。病菌从匍匐茎进入块茎，受侵染的块茎组织表面颗粒状凹凸不平，质地软化，呈乳白色至棕褐色。腐烂组织边缘呈褐色至黑色，病健组织分界明显，而后扩展致整个块茎腐烂，仅剩薄薄的外皮。病株的叶片大多先从上部叶片发病向下部叶片扩展。发病初期，叶缘变枯干涸，逐渐延及整个叶片，严重时全株枯死。维管束组织自茎基部开始变褐，逐渐延至上部，最终导致茎基部中空坏死。该病菌可从伤口侵染风信子，受侵染的植株萎蔫、种球变软、组织透明，散发出难闻的气味，严重感染的种球表现为全部组织软腐（图7-32）。

图7-32　风信子感染马铃薯黑胫病菌后种球上的软腐状

该病毒在马铃薯上引起的马铃薯黑胫病（Black Leg of Potato），是欧洲马铃薯上的主要病害。该病菌在高温下（25℃～30℃）侵染力很强，在以色列的马铃薯上，马铃薯黑胫病发生率高于15%，在不同品种马铃薯上导致的减产达20%～25%。病害的发生导致种薯降级或不能通过认证，从而可能引起更大的经济损失。病菌还可以侵染番茄、玉米以及球茎花卉等。

侵染循环：病菌主要是由带病的种薯通过贸易进行远距离传播，也有研究认为该病菌是从观赏性植物种球上的病菌演化而来。

病原形态与生物学：NA 培养基上菌落圆形、扁平，边缘略呈波纹状，乳白色至浅黄色，不透明或略透明，表面有轻微褶皱，48h 后菌落呈典型煎鸡蛋状，菌体杆状，革兰氏阴性菌，能动，大小为 0.9μm×2.0μm，生物 3 型，产生磷酸酶和吲哚，可以利用 D-阿拉伯糖、D-蜜二糖、D-棉籽糖、甘露醇，在 KB 和 NBA 培养基上 39℃可以生长（图 7-33）。

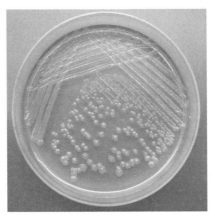

图 7-33　NBA 培养基上菌落形态

DNA 条形码：16S rDNA 序列分析常用于细菌种的鉴定，但在 *Dickeya* 属内种的鉴定中不适用（图 7-34）。多个管家基因可用于 *Dickeya* 属的分类鉴定，如 *gyrA* 、*rpoS* 、IGS、*dnaX* 、*fli* C、*dnaN* 、*fusA* 、*gapA* 、*purA* 、*rplB* 、*recA*（图 7-35、图 7-36、图 7-37）。

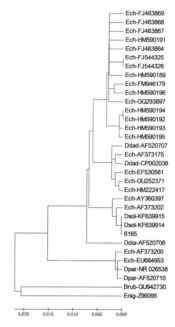

图 7-34　16S rDNA 序列
构建的系统发育树

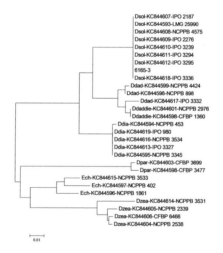

图 7-35　*gyrA* 基因序列构建的
系统发育树

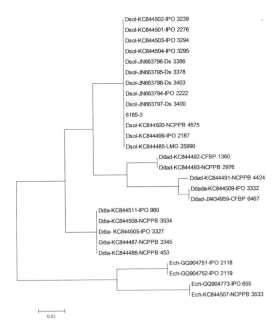

图 7-36　*dnaX* 基因序列构建的系统发育树

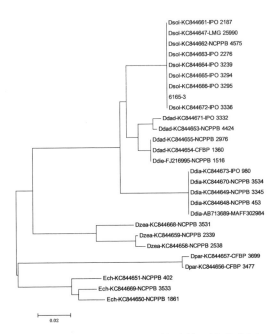

图 7-37　*recA* 基因序列构建的系统发育树

口岸截获：2013 年在宁波口岸进境荷兰风信子种球上截获该病菌。

（二）柑橘溃疡病菌

拉丁学名：*Xanthomonas citri*（Hasse 1915）Gabriel et al.，1989。

异名：*Bacillus citri*（Hasse）Holland 1920；*Bacterium citri*（Hasse）Doidge 1916；*Phytomonas citri*（Hasse）Bergey et al.，1923；*Pseudomonas citri* Hasse 1915；*Xanthomonas axonopodis* pv. *aurantifolii* Vauterin et al.，1995；*Xanthomonas axonopodis* pv. *citri*（ex Hasse 1915）Vauterin et al.，1995；*Xanthomonas campestris* pv. *aurantifolii* Gabriel et al.，1989；*Xanthomonas campestris* pv. *citri*（Hasse 1915）Dye 1978；*Xanthomonas citri* f. sp. *aurantifolia* Namekata & Oliveira 1972；*Xanthomonas citri* ssp. *citri* Schaad et al. 2005；*Xanthomonas fuscans* ssp. *aurantifolii* Schaad et al. 2005。

英文名：citrus canker。

分类地位：细菌界（Bacteria），变形菌门（Proteobacteria），γ-变形菌纲（Gammaproteobacteria），黄单胞菌目（Xanthomonadales），黄单胞菌科（Xanthomonadaceae），黄单胞菌属（*Xanthomonas*）。

分布：

亚洲：阿富汗、孟加拉国、柬埔寨、中国、圣诞岛（印度洋）、科科斯群岛、格鲁吉亚、印度、印度尼西亚、伊朗、以色列、伊拉克、日本、韩国、朝鲜、老挝、马来西亚、马尔代夫、尼泊尔、阿曼、巴基斯坦、菲律宾、沙特阿拉伯、新加坡、斯里兰卡、泰国、土耳其、阿拉伯联合酋长国、越南、也门。

非洲：阿尔及利亚、科摩罗、刚果、科特迪瓦、埃及、埃塞俄比亚、加蓬、冈比亚、马达加斯加、马里、毛里求斯、留尼旺、塞内加尔、塞舌尔、索马里、坦桑尼亚。

大洋洲：澳大利亚、斐济、密克罗尼西亚、帕劳群岛、巴布亚新几内亚、所罗门群岛。

北美洲：美国。

中美洲及加勒比海地区：英属维尔京群岛。

南美洲：阿根廷、玻利维亚、巴西、巴拉圭、乌拉圭。

寄主：主要是芸香科植物，由该病导致的经济损失较大的有柑橘、甜橙、酸橙、来檬和柚，自然侵染仅发生在柑橘属植物上（包括杂交品种和栽培品种）。巴西有报道酸草，印度有报道山羊草也是柑橘溃疡病寄主。

为害情况：植物叶片、枝梢和果实受溃疡病菌为害后引起落叶和落果，造成严重减产。如果苗木受害，则橘苗生长不良，影响出圃，发病严重时引起大量落叶，造成枝梢枯萎。果实受害后产生木栓化病斑，影响品质，降低经济价值，严重时还可引起果实腐烂。柑橘溃疡病菌菌系能侵染感病寄主的各部分，尤其是幼嫩的叶片、嫩枝条、茎秆、树干和果实。受该菌侵染的叶片、枝梢、果实及萼片会形成木栓化两面突起呈火山口状开裂的病斑。

传播途径：远距离传播主要是通过苗木、接穗、砧木和其他繁殖材料的运输。植株或植株之间的短距离传播主要通过风雨、昆虫和农具等。

形态特征：病原菌为革兰氏阴性好气杆菌。菌体短杆状，大小为（0.5~0.7）μm×（1.5~2.0）μm，两端钝圆，极生单鞭毛，能运动，有荚膜，无芽孢，在 2% 蔗糖-蛋白胨琼脂上培养产生大量黄色黏液，菌落黄色，圆形，表面光滑，稍隆起。在 NA 培养基上菌落圆形，黄色，全缘，有光泽，微隆起，黏稠（图 7-38）。

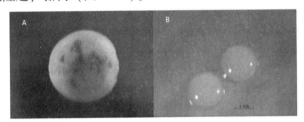

**图 7-38　柑橘溃疡病菌在柠檬上的为害症状及
在 NA 培养基上的形态特征**

DNA 条形码：gyrB。基于 gyrB 系统构建的发育树见图 7-39。

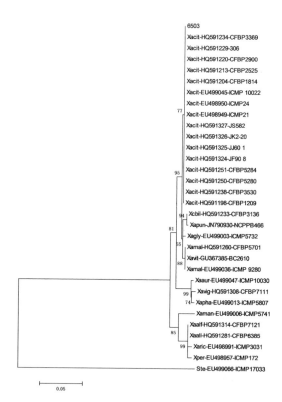

注：Xacit：*X. axonopodis* pv. *citri*；Xcbil：*X. citri* pv. *bilvae*；Xapun：*X. axonopodis* pv. *punicae*；Xagly：*X. axonopodis* pv. *glycines*；Xamal：*X. axonopodis* pv. *malvacearum*；Xavit：*X. axonopodis* pv. vit *i* ans；Xamal：*X. axonopodis* pv. *malvacearum*；Xaaur：*X. axonopodis* pv. *aurantifolii*；Xavig：*X. axonopodis* pv. *vignicola*；Xapha：*X. axonopodis* pv. *phaseoli*；Xaman：*X. axonopodis* pv. *manihotis*；Xaalf：*X. axonopodis* pv. *alfalfae*；Xaall：*X. axonopodis* pv. *allii*；Xaric：*X. axonopodis* pv. *ricini*；Xper：*X. perforans*；Ste：*Stenotrophomonas panacihumi*。

图 7-39　基于 gyrB 系统构建的发育树

五、植物繁殖材料中常见检疫性昆虫及软体动物

(一) 大家白蚁

拉丁学名：*Coptotermes curvignathus* Holmgren。

英文名：rubber tree termites。

分类地位：等翅目、鼻白蚁科、乳白蚁属。

分布：马来西亚、新加坡、文莱、印度尼西亚、印度、缅甸、泰国、

柬埔寨、越南等。

寄主：合欢属植物、黄豆树、腰果、南洋杉、菠萝蜜属植物、木棉、橄榄属植物、吉贝、椰子、咖啡、黄檀、龙脑香属植物、薄壳油棕、桉属植物、三叶橡胶、李叶豆、芒果、加勒比松、岛松、柳属植物、柚木等。

形态特征：兵蚁头壳深黄色，上颚深褐色，胸部、腹部和足淡黄色。触角15~16节，第3、4节短小，几乎相等，第2节稍长于或等于第3节。头壳卵圆形，最宽处位于头的后半部，上颚瘦长，军刀状，颚端强烈弯曲，囟孔大，圆形，侧面观孔口倾斜，上部稍向后。前胸背板元宝形，宽大于长，前后缘中央具浅凹（图7-40）。

口岸截获：2003年8月7日宁波口岸从来自马来西亚的原木中截获该白蚁（380100103000389）。

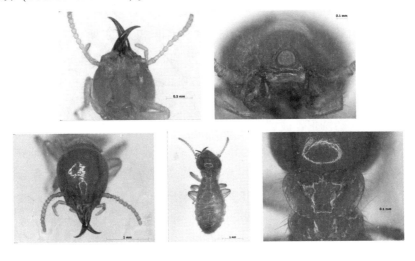

图7-40 大家白蚁形态特征

（资料来源：SN/T 1105—2002《植物检疫害虫彩色图谱》）

（二）非洲大蜗牛

拉丁学名：*Achatina fulica* Bowditch。

异名：*Helix*（*Cochlitoma*）*fulica* Ferussac；*Helix mauritiana* Lamarck 等。

英文名：African giant snail；African giant landsnail。

分类地位：软体动物门（Mollusca）、腹足纲（Gastropoda）、肺螺亚纲（Pulmonata）、柄眼目（Stylommatophora）、玛瑙螺科（Achatinidae）、玛瑙

螺属（*Achatina*）。

分布：

太平洋地区：萨摩亚群岛、圣诞岛、马里亚纳群岛、波利尼西亚群岛、关岛、新西兰、巴布亚新几内亚、瓦努阿图、新喀里多尼亚、玛丽安娜岛北部、社会群岛、小笠原群岛、新赫布里底群岛、沙捞越、帝汶岛、爪哇、加里曼丹、图瓦卢、马绍尔群岛。

亚洲：印度、安达曼群岛、尼科巴群岛、西孟加拉湾、菲律宾、印度尼西亚、马来西亚、马尔代夫、新加坡、斯里兰卡、缅甸、越南、泰国、柬埔寨、老挝、土耳其、中国。

北美洲：美国。

中美洲：危地马拉、马提尼克岛。

南美洲：巴西。

非洲：科特迪瓦、摩洛哥、马达加斯加、毛里求斯、留尼汪、塞舌尔、坦桑尼亚、科摩罗群岛、奔巴岛、加纳。

寄主：为害各种作物，如蔬菜、花卉、豆科等。

形态特征：贝壳大型，壳质稍厚，表面一般光滑，具有微弱的褶裂。外缘轮廓呈长卵圆形，成螺个体间或幼螺至成螺的生长过程中，贝壳外形的宽狭变化不一致。有 6.5~8 个螺层，各螺层增长缓慢，螺旋部呈圆锥形，壳顶尖，缝合线深，体螺层膨大，其高度为壳高的 3/4，带有云彩状花纹，色彩和形状变化复杂。胚壳一般呈玉白色，其他各螺层有断续的棕色条纹，生长线粗且明显。壳内为淡紫色或蓝白色。体螺层上的螺纹不明显，各螺层的螺纹与生长线交错。壳口呈卵圆形，口缘简单、完整，外唇薄而锋利，易碎，内唇贴覆于体螺层上，形成 S 形的蓝白色胼胝部。轴缘外折，无脐孔（图 7-41）。

图 7-41 非洲大蜗牛形态特征

（资料来源：SN/T 1397—2004；《植物检疫害虫彩色图谱》）

（三）红火蚁

拉丁学名：*Solenopsis invicta* Buren，1972。

异名：*Solenopsis wagneri*（Santschi）。

英文名：Red impored fire ant。

分类地位：膜翅目、蚁科、切叶蚁亚科、火蚁属。

分布：

国内：广东、广西、福建、湖南、香港和台湾。

国外：巴西、秘鲁、玻利维亚、阿根廷、乌拉圭、美国、澳大利亚、新西兰、马来西亚、安提瓜岛和巴布达岛、巴哈马群岛、特立尼达和多巴哥等。

寄主：土壤、草皮、干草、盆景等。

形态特征：工蚁体长 3mm~4mm，头部近正方形，头顶中间轻微凹陷。唇基中齿发达，唇基中刚毛和唇基侧脊明显，末端突出，呈三角尖齿，侧齿间中齿基以外的唇基边缘凹陷。触角 10 节，柄节长，端部 2 节膨大成锤棒状。前胸背板前端隆起，前、中胸背板的节间缝不明显；中、后胸背板的节间缝明显，具 2 个腹柄结，后腹柄结略宽于前腹柄结，后腹柄结后面观长方形，顶部光亮。雌蚁触角柄节、胸部和足浅褐色，头部中间黄褐色，柄后腹黑褐色。触角 11 节，棒节 2 节。中胸盾片上具 3 条深色纵纹（图 7-42）。

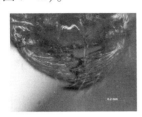

图 7-42　红火蚁形态特征

口岸截获：宁波口岸多次截获。

（四）青杨脊虎天牛

拉丁学名：*Xylotrechus rusticus*（Linnaeus）。

异名：*Callidium atomarium* Fabricius，1792；*Cerambyx liciatus* Linnaeus，

1767；*Cerambyx variegatus* Geoffroy，1785；*Clytus liciatus* （Linnaeus）Mulsant，1839。

分类地位：鞘翅目、天牛科、天牛亚科、脊虎天牛属。

分布：

国内：黑龙江、吉林、辽宁。

国外：欧洲、朝鲜半岛、日本、西伯利亚地区。

寄主：杨树、柳树、槭树、椴树、楸树、橡树、榆树、栗树等阔叶树。

形态特征：体长14mm～22mm，体褐色到黑褐色。头顶中央有两条隆起线，至眼前缘合并，呈倒 V 形。触角第 1、4 节等长，短于第 3 节，末节长显胜于宽。前胸球状隆起，两侧缘微凸，前胸背板具 4 条不完整的淡黄色斑纹。小盾片半圆形，密被淡黄色绒毛。鞘翅端缘斜切，内外缘末端钝圆，具 3～4 条淡黄色模糊细斑纹（图 7-43）。

口岸截获：2009 年 4 月 23 日宁波口岸从来自罗马尼亚的集装箱内首次截获该天牛（3801109015882）；2009 年 7 月 3 日从来自斯洛伐克的集装箱内再次截获该天牛（380110109028580）。

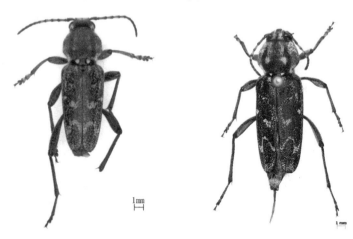

图 7-43　青杨脊虎天牛形态特征

（五）散大蜗牛

拉丁学名：*Helix aspersa* Müller。

异名：*Cyptoomphalus aspersa*，*Cantareus aspersus*，*Cornu aspersum*。

英文名：Brown garden snail，Garden snail，Common garden snail，European brown snail. 。

俗名：散布大蜗牛、褐色花园蜗牛、花园蜗牛、法国蜗牛、欧洲褐色蜗牛。

分类地位：软体动物门（Mollusca）、腹足纲（Gastropoda）、肺螺亚纲（Pulmonata）、柄眼目（Stylommatophora）、大蜗牛科（Helicidae）、大蜗牛属（*Helix*）。

分布：

亚洲：土耳其和黑海沿岸国家（地区）。

非洲：阿尔及利亚、南非和加那利群岛。

大洋洲：澳大利亚（昆士兰州和塔斯马尼亚州）。

欧洲：英国（南部和沿海地区）、比利时、法国、德国、希腊、爱尔兰、意大利、葡萄牙、西班牙。

北美洲：海地、加拿大、墨西哥、美国。

南美洲：阿根廷、智利。

寄主：文珠兰属植物、加利福尼亚黄杨木、意大利柏树、银桦树、木槿、刺柏、玫瑰等植物。

形态特征：贝壳卵圆形，壳质稍厚，不透明，有光泽。壳表面呈淡黄褐色，并有多条深褐色色带和细小的斑点，有 4.5~5 个螺层。壳高 23mm，壳宽 28mm，螺旋部矮小，体螺层特膨大，壳面有明显的螺纹和生长线。壳口完整，卵圆形，口缘锋利（图 7-44）。

口岸截获：2007 年 11 月 9 日宁波口岸首次截获。

图 7-44　散大蜗牛形态特征

六、植物繁殖材料中常见检疫性杂草

（一）齿裂大戟

拉丁学名：*Euphorbia dentata* Michx.。

异名：*Anisophvllum dentatum*（Michaux）Haworth.；*Poinsettia dentata*（Michaux）Klotzsch & Garcke；*Euphorbia herronu* Riddell；*Euphorbia dentata* var. *linearis* Engelmann ex Boissier；*Euphorbia dentata* var. *rigida* Engelmann。

英文名：Toothed Euphorbia。

中文别名：锯齿大戟、紫斑大戟、齿叶大戟等。

分类地位：大戟科（Euphorbiaceae），大戟属（*Euphorbia* L.），一品红亚属（*Poinsettia*）。

分布：原产于北美洲，现主要分布在美国、墨西哥、加拿大、巴拉圭、阿根廷。我国在北京和河北有零星发现。

为害情况：齿裂大戟具较强的繁殖力、适应性及竞争力，易形成单一种群，扩散蔓延较为迅速。

形态特征：一年生草本植物，根纤细，长7cm～10cm，直径2mm～3mm。主茎直立，分枝交互对生，上部多分枝，高15cm～70cm，直径2mm～5mm，被柔毛或无毛。子叶近圆形。叶对生，长2cm～7cm，宽0.4cm～3.5cm，披针形至近圆形，最宽处通常位于中部以下，基部急尖到微钝，向叶柄处渐尖，顶端钝尖；叶腹面少毛或基本无毛，沿叶缘具粗糙的短伏毛。叶背面具长毛；叶缘具锯齿或双重圆锯齿，叶扁平至微向后翻卷。叶柄长5mm～20mm，多毛。

花序：总苞叶2～3枚，与茎生叶相同；伞幅2～3幅，长2cm～4cm；苞片数枚，与退化叶混生，基部浅绿色、发白或紫红色。花序数枚，聚伞状生于分枝顶部，基部具长1mm～4mm的短柄；杯状聚伞花序光滑无毛，高约3mm，宽约2mm，边缘5裂，裂片三角形，边缘撕裂状；腺体1枚（有时多枚），两唇形，生于总苞侧面。雄花数枚，伸出总苞之外；子房光滑无毛，绿色；花柱3枚，分离；柱头两裂。

果实和种子：蒴果三室，扁球状，长3mm～4mm，直径4mm～5mm。具3个纵沟，成熟时分裂为3个分果瓣。种子宽倒卵形，长2.1mm～2.7mm，宽1.7mm～2.1mm，厚1.7mm～1.9mm，表面浅灰色、深褐色至近黑色。背面拱圆，腹面稍显平坦，其间有一条线状黑色种脊。种子表面具瘤状突起，分布较均匀，突起钝或尖。在腹面近基部有一稍凹的脐区，脐区具一淡黄色种阜。种阜肾形、盾状，黏附于种脐表面，宽 0.4mm ～ 0.6mm，易脱落。胚直生，抹刀型，埋藏于丰富的胚乳中（图 7-45）。

a：幼苗；b：种子；c：蒴果；d：植株；e、f：花序

图 7-45　齿裂大戟形态特征

与主要近似种的区别：齿裂大戟叶片的最宽处常位于中下部，披针形至倒卵形，种子表面圆滑无棱，横切面近圆形，瘤状突起较为均匀。戴维大戟叶片的最宽处常在中部，细椭圆形至宽椭圆形。种子表面具棱，横切面为菱形，瘤状突起不均匀。白苞猩猩草（*E. heterophylla*）为互生叶序，叶形多变，种子宽三角形，顶端平截，横切面近三角形，表面粗糙具强烈的龙骨状突起，暗褐色至灰白色，浸泡后种皮表面产生胶质状黏液。猩猩草（*E. cyathophora*）为互生叶序，苞叶红色或苞叶基部红色，种子无种阜，卵状椭圆形，长 2.5mm～3mm，直径 2mm～2.5mm，褐色至黑色，具不规则的小突起。

生物学特性：一年生，草本，以种子繁殖。种子春季萌发，花果期一般在初夏至秋末。种子无休眠期，发芽率高，一年可发生2代以上。植株多分枝，生长旺盛，生活周期短，繁殖迅速，易形成单一种群。对环境要求较低，适合多种土质，在旱地、田间、路旁、铁路边、草地、荒地等都能生长，特别适合生长于温暖、潮湿、夏季多雨的亚热带地区。抗逆性强，经割草机处理和脱水导致全株落叶的植株仍能生长并开花结果。

传播途径：近距离传播途径为果实成熟自动开裂，将种子弹射到附近1m~3m处，还能借助风力、水流、动物及人类活动传播。远距离传播主要通过粮食调运和引种，在北美洲和欧洲有被证实沿铁路传播。

(二) 刺萼龙葵

拉丁学名：*Solanum rostratum* Dunal。

异 名：*Androcera lobata* Nutt.；*Androcera rostrata*（Dunal）Rydb.；*Solanum hexandrum* Hort.。

英 文 名：Buffalobur nightshade, buffalo-bur, Kansas-thistle, buffalo-berry, horned nightshade, prickly nightshade。

中文别名：黄花刺茄、尖嘴茄、壶刺龙葵、刺茄。

分类地位：茄科（Solanaceae），茄属（*Solanum* L.），茄亚属（*Leptostemonum* L.），Androceras组。

分布：

欧洲：奥地利、保加利亚、德国、捷克、丹麦、俄罗斯。

非洲：南非。

北美洲：加拿大、墨西哥、美国。

大洋洲：澳大利亚、新西兰。

亚洲：孟加拉国、韩国、中国。

为害情况：刺萼龙葵为一年生草本，具较强的竞争优势，能严重影响作物的产量，其植株多刺，影响牧场的放牧价值。刺萼龙葵是茄属有害生物的替代寄主，能帮助有害生物建立和维持种群，因此许多国家（地区）将其列为有害杂草并加以控制。如美国将其列为有害杂草，加拿大将其列为入侵杂草，俄罗斯将其列为境内限制传播的检疫杂草等。

刺萼龙葵在其各生育期均含有茄碱，其对动物有毒。茄碱在动物体内含量达到体重的0.1%~0.3%即可致毒，可对马、绵羊、山羊、牛产生毒害，症状主要为运动失调、多涎、急喘、颤抖、恶心、腹泻、呕吐等。

形态特征：一年生草本植物，高 30cm~80cm，基部稍木质化，植株多分枝。整株（除花瓣外）密被长短不一（长为 3mm~8mm）的黄色皮刺，茎秆上分布具柄星状毛或无柄星状毛。叶互生，卵形或椭圆形，1~2 回羽状半裂，近基部通常羽状全裂，末回裂片为圆形或钝圆形；叶长 7cm~16cm，叶两面被星状毛，脉具刺；叶柄密被刺，长为叶片的 1/3~2/3。蝎尾状聚伞花序腋外生，在开花期，花轴伸长呈总状。萼筒钟状，密被刺及星状毛，萼片线状或披针形；花冠黄色，五边形，直径 2.0cm~3.5cm，瓣间膜丰富，花瓣外密被星状毛；雄蕊异型，大型雄蕊花药长 10mm~14mm，向内弯曲呈弓形，后期常带红色或紫色斑；小型雄蕊花药长 6.0mm~8.0mm，黄色。子房无毛，紧裹在增大的萼筒内；花柱 1.0cm~1.4cm，细弱，通常紫色，柱头不增大（图 7-46）。

图 7-46　刺萼龙葵形态特征

果实：浆果球形，初为绿色，成熟后变为黄褐色或黑色，直径 5mm~12mm，外被紧而多刺的宿存果萼包被，果皮薄，与萼合生。随着果实逐渐膨大，果实在顶端萼片愈合处开裂，种子散出。

种子：深褐色至黑色，不规则阔卵形或卵状肾形，厚扁平状；长 1.8mm~2.6mm，宽 2.0mm~3.2mm，厚 1.0mm~1.2mm。表面凹凸不平并布满蜂窝状凹坑，周缘凹凸不平；背面弓形，背侧缘和顶端稍厚，有明显的脊棱；腹面近平截或中拱，近腹面的基部变薄；下部具凹缺，胚根突出；种脐位于缺刻处，正对胚根尖端，洞穴状，近圆形，深凹入；胚环状卷曲，有丰富的胚乳。

生物学特征：刺萼龙葵适应性广，生长快且健壮。特别是在 4 叶的幼苗期后生长迅速；既耐干旱又可在潮湿的环境中生长，广泛分布于农田、村落附近、路旁、荒地，较广的生态幅使其在新生态环境中可以轻易占据合适的生态位，并有效获得资源，与本地物种争夺光照、养料和生长空间，并迅速扩张。

刺萼龙葵繁殖能力强，花数多，花期长，花粉量大且萌发时间较短，提高了传粉和受精的概率；种子数目多，具有极强的传播能力。果实具刺，易随动物和人类的活动携带传播。成熟后，植株主茎近地面处断裂，断裂的植株形成风滚草样，以滚动方式传播种子，大大增加了其进入新的生境的可能性；其种子小，易混杂在收获种子中。种子具休眠性，虽然刺萼龙葵的种子发芽率低，萌发时间长，这种特性不利于其在新的生境中大量快速繁殖，但是其致密而坚厚的种皮可使胚得到更好的保护，能够抵抗不良环境，使之在恶劣的条件下长期保持活力。

传播途径：刺萼龙葵通过风力、水流、人类和动物的活动进行近距离传播，通过动物皮毛、谷物、种子、草料、土壤等携带进行远距离传播。刺萼龙葵原产美国和墨西哥，20世纪初随小麦种子传播到澳大利亚和欧洲，成为一些国家的入侵杂草。

（三）刺亦模

拉丁学名：*Emex spinosa*（L.）Campd.。

异名：*Rumex spinosus* L.。

英文名：Devil's-thorn，little jack，spiny hreecornerjack，spiny emex。

分类地位：被子植物门（Angiospermae）、双子叶植物纲（Dicotyledoneae）、原始花被亚纲（Archichlamydeae）、蓼目（Polygonales）、蓼科（Polygonaceae）、亦模属（*Emex* Campd.）

分布：原产地中海沿岸国家，目前在许多国家（地区）有分布。

欧洲：塞浦路斯、直布罗陀、希腊、意大利、马耳他、葡萄牙（亚述尔群岛）、西班牙（巴利阿里群岛、加那利群岛）。

亚洲：印度、伊朗、伊拉克、以色列、约旦、黎巴嫩、巴基斯坦、沙特阿拉伯、叙利亚、土耳其。

非洲：阿尔及利亚、埃及、肯尼亚、利比亚、毛里求斯、摩洛哥、突尼斯。

美洲：美国、巴西、厄瓜多尔。

大洋洲：澳大利亚。

为害情况：刺亦模的总苞具刺，是牧场、草地和自然环境中的有害杂草，它易形成单一种群，排挤本地物种。夏季植株干枯后，因无植被覆盖而使土壤遭受侵蚀。刺亦模是较为常见的农田杂草，如在利比亚为害甜菜，在埃及为害芝麻，在以色列为害莴苣、大白菜和小麦等。

刺亦模在澳大利亚农田和牧场传播蔓延广泛，造成重大经济影响。在西澳大利亚州北部和中部超过100万公顷的牧场和50万公顷的谷物地大量发生。遍布新南威尔士州北部和中部地区，并仍在扩散。在维多利亚州和南澳大利亚州，沿着墨累河流域的农田和城市普遍发生。在昆士兰州，对当地重要的经济作物——谷物和紫花苜蓿造成严重影响。在澳大利亚刺亦模与南方三棘果混生在谷物生长区，总密度超过 300 株/m²。

形态特征：一年生草本，靠种子繁殖，高 30cm～120cm。直根系，主根粗壮。茎秆攀缘上升或直立，高 50cm～120cm，基部常微红，表面光滑无毛。托叶鞘松弛，光滑无毛；叶柄长 2cm～29cm，光滑无毛；叶卵形到长卵形或三角形，近全缘，长 3.0cm～13.0cm，宽 1.1cm～12.0cm，叶基部近截形至近心形，叶顶端钝尖至锐尖。雄花串生于叶腋处或位于枝顶，花被片窄长椭圆形至倒披针形，1.5mm～2.0mm，花簇具 1～8 花；雌花生于叶腋处，两轮花被片，外轮花被片椭圆形至长方形，内轮花被片披针形，顶端锐尖，花簇具 2～7 朵花。

果实：果实具二态，地下果实，较大，刺不尖锐，着生于根茎部；地上果实，较小，着生于茎节上。地上果实的瘦果包在二轮坚硬的宿存筒状花被内。外轮花被 6 棱，灰色至褐色。长 3.0mm～8.0mm，宽 2.5mm～4.0mm。3 枚外轮花被合生，于顶端延伸出 3 个刺，每枚花被背面隆起成脊，边缘相互连接成纵棱，棱两侧各具一排横孔或圆孔，脊和棱中部具小外突，外突以下部分收拢呈锥形。内轮花被与外轮互生，基部愈合，顶部合拢成喙状，位于中央。瘦果三棱状，黄褐色至深色，长 3.0mm～5.0mm，宽 2.0mm～3.0mm。种脐多变，胚周边型，"J"字状，子叶长于胚根；胚乳可见（图 7-47）。

图 7-47　刺亦模总苞（左）和瘦果（右）

在澳大利亚有与南方三棘果杂交的报道，且杂交种比任一亲本生长旺盛，自花授粉完全不育，但能回交亲本。由于刺亦模植株与南方三棘果相比更为直立，因此在混生区采集于南方三棘果的种子可能与刺亦模异形杂交，而采自刺亦模的种子则很少与南方三棘果杂交。

刺亦模有两个变种，根据 Zohary（1966）的描述，*E. spinosa* var. *spinosa* 叶片较大（长 12cm），叶柄短于叶片，瘦果较大（长 6mm~8mm），子叶棒形，常栖息在路边和田野。*E. spinosa* var. *minor* 的叶片较小（长小于 5cm），叶柄长于叶片，瘦果较小（长 4mm~6mm）且窄，子叶线形，栖息在草原和沙漠。Weiss（1980）认为澳大利亚分布的种群更近似于 *E. spinosa* var. *spinosa*，但其子叶为线形。

南方三棘果与刺亦模的幼苗较为接近，Wilding et al.（1993）对这两个种进行比较，认为莲座丛阶段叶柄的长度是一个指标，叶柄长于叶片的为刺亦模，相反的为南方三棘果。

DNA 条形码：ITS。

基于刺亦模及近似种的 rDNA ITS 序列构建的系统发育树如图 7-48 所示。

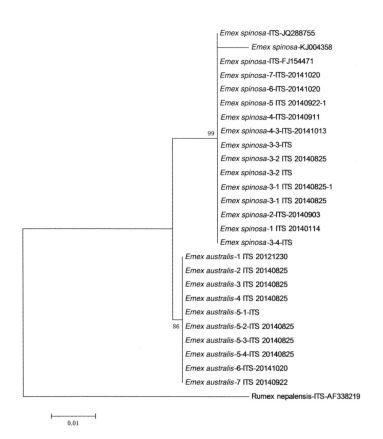

**图 7-48　基于刺亦模及近似种的 rDNA ITS 序列
构建的系统发育树**

生物学特性：刺亦模仅以种子繁殖，杂性同株（以雌雄同株为主，夹杂完全花），能自花传粉。耐干旱，生长迅速，产籽量大，种子具休眠性和高的散布能力。同一植株产生地上果实和地下果实，这两种果实在颜色、大小、质量、数量、空间位置、成熟期和散布特性等方面存在差异。地下果实位于母株根冠处，次年在其原亲本的位置处发芽。地上果实位于叶腋处，成熟后从植株中脱落。成熟的地上果实其横截面为三角形，刺尖锐，增加了随动物或交通工具进行传播扩散的机会。刺亦模能够迅速产生大量的地下果实，即最大化地产生适应环境的后代，它也能够产生小而带刺的上部果实从而使该种更易向外拓展，另外刺亦模的果实大小与谷物相似，很难用过筛法去除。木质化的总苞不易吸收水分，因此它的种子具高度的休眠性，需要后熟过程才能发芽，物理伤害、光照等能刺激瘦果萌发。

刺亦模适合多种环境，包括草原、沙漠、海岸沙丘、公路和铁路旁、耕地、果园和庭院等。当土壤水分充足时种子可在任何季节都能发芽，但主要还是在秋季和冬季发芽。幼苗能产生地下果实（小于 6 周），花期通常在冬末至初夏，通常从春季至夏季形成地上果实。大部分植株在夏季枯萎，当湿度合适时可延续至秋季。

传播途径：果实成熟时易混杂在种子或货物中，随种子或货物调运而传播。由于其果实具刺，也常随动物、动物产品及交通工具传播。尽管刺亦模瘦果的刺不如南方三棘果尖锐，但其种子较小，易嵌入鞋底和轮胎，因此被认为是在澳大利亚西部的旧货运路线扩散严重的主要原因。刺亦模也曾作为蔬菜而被人为种植传播。

口岸截获：银川海关曾从入境旅客携带的植物种子中截获。

（四）黄星蓟

拉丁学名：*Centaurea solstitialis* Linnaeus。

异名：*Leucantha solstitialis* A. Löve & D. Löve；*Calcitrapa solstitialis* Lamarck；*Cyanus solstitialis* Baumg. 。

英文名：yellow starthistle，st. barnaby's thistle，barnaby's thistle，yellow centaury，yellow cockspur，golden starthistle。

中文别名：黄矢车菊。

分类地位：被子植物门（Angiospermae）、双子叶植物纲（Dicotyledoneae）、合瓣花亚纲（Sympetalae）、桔梗目（Campanulales）、菊科（Compositae）、矢车菊属（*Centaure* L. ）。

分布：

欧洲：阿尔巴尼亚、奥地利、保加利亚、捷克、斯洛伐克、法国、德国、希腊、匈牙利、意大利、摩尔多瓦、波兰、罗马尼亚、俄罗斯、塞尔维亚、西班牙、瑞士、乌克兰、英国。

亚洲：亚美尼亚、阿塞拜疆、格鲁吉亚、伊朗、伊拉克、以色列、约旦、黎巴嫩、叙利亚、塔吉克斯坦、土耳其、土库曼斯坦。

非洲：阿尔及利亚、博茨瓦纳、埃及、南非、斯威士兰、突尼斯。

美洲：特立尼达和多巴哥、加拿大、美国、阿根廷、智利、乌拉圭。

大洋洲：澳大利亚、新西兰、巴布亚新几内亚。

为害情况：黄星蓟为越冬一年生或两年生草本，植株高大，主根发达，分枝密集，具很强的竞争优势，密集发生时可取代牧草和农作物，常发生在牧场、路边和荒地，被认为是美国西部最严重的草地杂草之一。

黄星蓟原产于地中海地区和西亚，已蔓延到世界大部分温带地区，且分布区不断扩大，自 1850 年传入美国加利福尼亚州后迅速蔓延，截至 2002 年，发生面积已达 560 万公顷。黄星蓟入侵农田，其种子混入谷物，降低粮食产量和品质。植株分泌化感物质，限制其他物种的生长，同时降低自身种子发芽。在非洲南部和南美地区广泛分布，尤其在阿根廷、智利和乌拉圭的农田。

黄星蓟对牧场的影响表现，第一，取代牧场的植被使得草料的产量和品质下降，对畜牧业造成重大经济损失；第二，矢车菊属多刺，影响动物栖息和觅食，重度分布区牲畜体重增加缓慢，降低了肉、奶、羊毛和皮革的质量；第三，代谢产生的毒素可引起马的黑质苍白球脑软化病（nigrop-allidal encephalomalacia），或称"咀嚼病"，表现为不能吃喝，面部和舌头变得僵硬和肿胀，严重时可导致马匹死亡，没有治疗方法。该杂草通常密集成片发生，限制牲畜的活动，对狗和放牧动物造成伤害，特别是对这些动物的眼睛、嘴和足。

形态特征：一年生或两年生草本，子叶椭圆形具长柄，浅裂或深裂。莲座叶常深裂至近中脉，裂片多为急尖，末回裂片近三角形至披针形，边缘锯齿状至波状。上下两面密被细绵毛，通常为硬粗毛，遮光时莲座叶变大。茎直立，基部多分枝，表面粗糙，高 0.6m~2m，植株表面覆盖白色细密的棉毛，全株外观为浅灰色至蓝绿色。叶互生，无刺，下部叶羽状深裂，中部叶浅裂，上部叶狭窄，无裂片，全缘，叶基部抱茎。细密的白色絮状茸毛遮盖了硬粗毛和细小的腺点。生长旺季主根可深入地下 2m 以上，使植物能在夏季和初秋干旱期间吸收土壤深层的水分。

头状花序卵形，长 1cm~1.5cm，黄色，单生在分枝顶端，被苞片包围，总苞中刺长 10mm~25mm，粗壮，淡黄色至浅黄色，两侧具 2~3 对侧刺，位于中刺的基部。头状花序产生两种瘦果，内侧瘦果为浅黄褐色，长 3mm~5mm（含冠毛），有白色冠毛；外侧瘦果为深棕色，色斑驳，长 2mm~3mm，无冠毛或退化至几根短刚毛。瘦果长倒卵形，黄褐色至黑褐色，具褐色或黄褐色的条纹，顶端平截。最内层冠毛最短，环绕包被花柱残痕，冠毛两侧具密微毛；基部稍窄，向腹面弯成钝钩状，使腹面近基部具明显的缺口凹陷。果脐位于基部凹陷内，近长圆形。果实内含一粒种子，横切面扁圆形，胚大而直生（图7-49）。

图7-49　黄星蓟瘦果形态特征

生物学特征：黄星蓟为种子繁殖，秋季或春季发芽，形成基生莲座丛，开花和种子成熟时间根据气候不同而有差异。在美国加利福尼亚州，黄星蓟于5—6月抽薹，6—7月形成花芽，并且刺出现在苞片顶端，6—8月亮黄色花开放，8月形成种子，叶和茎逐渐枯萎，种子成熟后头状花序枯萎，由亮黄色变成暗黄色。

黄星蓟成为入侵种的重要原因是其适合多种气候类型和具有丰富的种子产量，黄星蓟喜干燥，通常生长在年降水量25cm～150cm和海拔2100m地区，一般在排水良好，土层深的砂质壤土和壤土上生长，也可在浅土的岩石区密集发生。通常发生在过度放牧的牧场和道路施工或其他原因造成严重干扰的区域，其主根发达，可吸取地下水分，能够使植株度过干旱季节。黄星蓟最适合生长在冬季凉爽潮湿，夏季炎热干燥的地区。

黄星蓟为雌雄同株，通常自交不亲和，需依赖传粉，蜜蜂和欧洲蜜蜂是最重要的传粉昆虫。平均每个头状花序产生38～45粒种子，一般每株可产种子700～10000粒，大型黄星蓟能产近75000粒种子。多数种子不需要后熟期，常在秋季萌发，少量在冬季和早春萌发。有冠毛种子一般在秋季和冬季发芽，无冠毛种子在春季发芽，最适温度为10℃～20℃。种子萌发还与降雨和光照密切相关，降雨提高出苗率。尽管种子能在黑暗下发芽，但其发芽率大大降低，白光对发芽有刺激作用。种子在一定的环境条件下能存活 10 年以上，通常存活期超过 2~3 年。

传播途径：每年 9—10 月，随着植株干枯，浅色具冠毛的种子成熟后很快散布开来，大部分掉落在母株周围 1m 以内，风可将其吹至离母株 1.5m 处，最远可达 5m。而黑色无冠毛的种子留在头状花序中直到风季来临或其他干扰将它们分开。具冠毛的种子易黏附在人类的衣服、头发和动物皮毛上进行传播。长距离传播往往和人类、牲畜、车辆、设备、干草和农作物种子的运输有关，鸟类如野鸡、鹌鹑、雀和金丝雀食用大量的黄星蓟种子也能进行长距离传播。

截获记录：银川海关曾从入境旅客携带的种子中截获。

(五) 铺散矢车菊

拉丁学名：*Centaurea diffusa* Lamarck。

异名：*Acosta diffusa* Sojak；*Centaurea comperiana* Steven；*Centaurea microcalathina* Tarassov；*Centaurea seresiensis* Rech. f. 。

英文名：Diffuse knapweed，white knapweed，tumble knapweed。

分类地位：被子植物门 (Angiospermae)、双子叶植物纲 (Dicotyledoneae)、合瓣花亚纲 (Sympetalae)、桔梗目 (Campanulales)、菊科 (Compositae)、矢车菊属 (*Centaure* L.)

分布：

欧洲：奥地利、保加利亚、捷克、斯洛伐克、法国、德国、希腊、匈牙利、意大利、摩尔多瓦、波兰、罗马尼亚、俄罗斯、瑞典、乌克兰。

亚洲：亚美尼亚、阿塞拜疆、伊朗、叙利亚、土耳其、中国。

美洲：加拿大、美国、阿根廷。

为害情况：铺散矢车菊入侵性强，适生性广，生长速度快，繁殖能力强，主要为害草原和牧场，有时也入侵农田、果园等生境。铺散矢车菊消耗土壤肥力，严重影响牧草产量，导致牧草食用价值降低，莲座丛状的幼苗贴地生长，动物很难取食。成熟期植株口感粗糙且纤维化，苞片坚硬易损伤动物口腔和消化道；其分泌化感物质，抑制其他植被生长，易形成单一优势群落，严重影响生物多样性，是美国牧场上最重要的有害杂草之一，在华盛顿州每年造成的草料损失达 100 万~300 万美元。此外还造成土地价值降低、牛奶变味等问题。

形态特征：植株直立或基部稍铺散，高 20cm~80cm，自基部多分枝，分枝纤细，全部茎枝被稠密的长糙毛及稀疏的蛛丝毛。基生叶及下部茎叶二回羽状全裂，有叶柄，在花期通常脱落。中部茎叶一回羽状全裂，无叶柄，末回裂片线形，边缘全缘，顶端急尖。上部叶全缘或羽状浅裂，线形或线状披针形，宽 1mm~3mm，叶面被长糙毛。

花序：头状花序小（图 7-50），极多数小花白色，有时紫色，在茎枝顶端排成疏松圆锥花序。总苞片 5 层，外层与中层披针形或长椭圆形，包括顶端针刺长 3mm~7mm（不包括边缘），针刺宽 0.6mm~1.5mm，淡黄色或绿色，顶端有坚硬附属物，附属物沿苞片边缘长或短下延，针刺化，顶端针刺长三角形，长 1mm~2mm，边缘栉齿状针刺 1~5 对，栉齿状针刺长约 1.5mm，全部顶端针刺斜出，并不作弧形向下反曲之状。内层苞片宽线形，长约 8mm，宽 1mm，顶端附属物边缘或有锯齿。

瘦果：倒长卵形，长 2mm~3mm，宽约 1mm，茶褐色或浅黑色，表面平滑，有光泽，具数条黄色纵条纹，条纹间被稀疏的白色短柔毛。顶端较平截，无冠毛或冠毛长度不超过 1mm。衣领状环黄色，整齐突起，中央具残存花柱。果实内含一粒种子，胚大而直生，种子无胚乳（图 7-50）。

图 7-50　铺散矢车菊花序（左）和种子（右）

生物学特征：铺散矢车菊为一年生、两年生或短周期多年生草本植物，适合干旱或半干旱地区。通常为双倍体植物（2n = 18），但偶尔为四倍体（2n = 36）。易与多斑矢车菊杂交，杂交种称为 *Centaurea× psammogena*。

种子在春季、夏末至秋季发芽。发芽时土壤相对湿度需大于 55%，位于土表的种子易发芽，发芽率随土壤深度增加而减少，种子埋土下超过 2.5cm 时很少发芽。超过 80% 的种子发芽温度在 13℃~28℃。大多数种子发芽后当年就能形成莲座丛，第二年或第三年抽薹，但有时在开花前以莲座丛形式生存好几年或在开花结实后的次年继续生长。根部在莲座丛阶段发育，并在低温越冬，通常在第二年5月初抽薹。当植株过于密集时，可以莲座丛形式存在5年或以上。

铺散矢车菊通常在6月初形成花蕾，花期为7—9月，如水分和温度适合可持续到更晚。种子成熟期常在8月中旬。雌雄同株并依靠昆虫授粉，单株可产种子超过18000粒，种子发芽呈现多态性，产生非休眠种子（约占5%）和两种类型的休眠种子：光敏感（占50%~60%）和非光敏感（占35%~45%）。如果水分充足，非休眠种子会在散布后的第一个秋季发芽，两种休眠型种子暂时不发芽，直到次年春天。

铺散矢车菊喜排水良好的土壤，如砂质或肥沃的沙土。其适合生长的土壤pH值范围为5.9~8.4，年平均温度为3.6℃~13.8℃，在年降水量240mm~420mm地区生长良好，在潮湿或排水不良的土壤及盐碱地生长不良。

传播途径：短距离主要通过风、水流、动物及人类活动传播，长距离主要通过混杂在植物种子或原粮中传播，也可通过运输工具传播。铺散矢车菊于1907年传入美国华盛顿州，最初在西部的华盛顿州、爱达荷州、蒙大拿州、新墨西哥州、亚利桑那州等分布，已扩散到美国的25个州。

七、植物繁殖材料中常见检疫性病毒

（一）李属坏死环斑病毒

拉丁学名：Prunus necrotic ringspot virus。

缩写：PNRSV。

分类地位：雀麦花叶病毒科（Bromovirus），等轴不稳环斑病毒属（Ilarvirus）。

分布：分布地区广泛，如欧洲和美国都有发生。

寄主：李属坏死环斑病毒寄主范围十分广泛，在自然和人工条件下，病毒可侵染的寄主达21科双子叶植物，其中可侵染的木本植物有欧洲李（Prunus domestica）、桃（Amygdalus persica）、欧洲甜樱桃（Cerasus avium）、欧洲酸樱桃（C. vulgaris）、杏（Armeniaca vulgaris）、苹果（Malus pumila）、月季花（Rosa chinensis）、椭圆悬钩子（Rubus ellipticus）、秋海棠（Begonia grandis）；侵染的草本植物有啤酒花（Humulus lupulus）、烟草（*Nicotianu tabacum*）、西瓜（*Citrullus lanatus*）、南瓜（*Cucurbita moschata*）、甜瓜（*Cucumis melo*）、西葫芦（*C. pepo*）、菜豆（*Phaseolus vulgaris*）、豌豆（*Pisum sativum*）、豇豆（*Vigna unguiculata*）、草木樨（*Melilotus officinalis*）、莴苣（*Lactuca sativa*）、向日葵（*Helianthus annuus*）、百合（*Lilium brownii*）等。

症状及为害：病害症状因分离物、栽培种和环境条件不同而有差异。病毒的一些分离物不引起症状，仅仅在接种指示植物或用血清学等方法检测时才能发现被侵染；一些分离物在系统侵染的当年在幼叶上产生坏死斑和孔洞，但在以后的年份叶子和果实上很少出现症状；另一些分离物在侵染当年产生坏死反应，在以后的年份植株发生缓慢褪绿、斑驳和坏死，叶子耳突，畸形，水果成熟延迟且有斑点症状。如感染此病毒后，甜樱桃从无症状到出现严重皱缩花叶症状，慢性症状包括叶子上发生褪绿点，叶扭曲，水果延迟成熟几天至几周，症状因病毒分离物不同而有差异。此病毒在月季上侵染无症状现象很普遍，其症状有花叶，开花延迟，秋天落叶早，产生较多不成形的花，被侵染的植株通常无活力。啤酒花被侵染后产生褪绿线和环斑。

传播方式：机械接种传播、花粉传播、种子传播，也可通过无性繁殖的苗木、组培苗等的运输进行长距离传播。

粒体形态：等轴对称球状体，直径23nm～27nm，有些粒体为准等轴球状到短棒状（轴比为1.01～1.5）；有些株系的粒体呈明显的棒状（轴比大于2.2）；有些棒状粒体达70nm，棒状粒体的有无及比例因株系而异。

基因组：正单链RNA，3分体基因组，RNA-1长3.662kb，RNA-2长2.507kb，RNA-3长1.887kb。

检测方法：酶联免疫吸附测定法（DAS-ELISA）、RT-PCR、实时荧光RT-PCR。

口岸截获：2020年宁波口岸从自日本进口的樱桃种苗和自美国入境的邮寄李种苗中截获该病毒。

第二节
植物繁殖材料检疫性有害生物检疫鉴定技术

一、分离培养

不同的有害生物在一定的寄主植物上产生特有的症状类型，一般根据症状可以做出初步的诊断，但有时仅仅根据症状做诊断也并不完全可靠，为了诊断准确就需要对病原进行分离培养。植物繁殖材料上携带多种不同的有害生物，昆虫、杂草不需要分离培养直接可以鉴定，而线虫、真菌、细菌则需要经过分离培养，才能获得目标有害生物。鉴定线虫有直接观察分离法、漏斗分离法、培育分离法、组织捣碎分离法、直接过筛法、滤纸分离法、沉降分离法等，其中漏斗法用得较多，真菌有组织分离法和稀释分离法，细菌有平板划线法和培养皿稀释分离法。

二、形态学鉴定

（一）微观形态的观察

昆虫主要观察头、胸、腹、触角、单眼或复眼、口器、翅脉、生殖器等鉴定特征。杂草主要观察植株、花、果实与种子。真菌主要观察菌丝体和其他营养体的形态和结构、孢子的形态和着生的方式、子实体的形态结构和产生的部位等，有的还要检查病菌寄生的部位和寄主细胞和组织的变化。线虫主要观察雌虫的整体、头部、阴门区、生殖系统、尾部、侧区等；雄虫的整体、头部、尾部、交合伞、生殖系统等。细菌主要观察细菌溢、革兰氏染色、鞭毛染色等。病毒在电镜下观察病毒粒体的形态和大小。

（二）显微镜计测和显微描绘

通过计测和描绘，将观察的结果用数字或图来表示，有利于比较和鉴别。

三、分子鉴定

随着现代分子生物学理论和技术的迅速发展，一种新的分类系统：遗传型分类法产生了。与其他方法相比，核酸类检测方法能够更加有效满足口岸检测时效性、重现性、稳定性的要求。此类方法已经越来越引起人们的关注与重视，应用于许多检疫性有害生物检疫鉴定标准之中，并作为重要结果判定依据。

（一）常规 PCR 检测方法

聚合酶链式反应由 Mullis 于 1983 年首先提出设想，并于 1985 年发明了简易 DNA 扩增法，PCR 技术由此诞生。PCR 是一种用于扩增特定 DNA 片段的分子生物学技术，一个典型的 PCR 过程包括多个"变性—退火—延伸"循环，反应体系一般由 DNA 模板、引物、缓冲液（含 Mg^{2+} 等）dNTP 和 DNA 聚合酶等组成。

基于种特异性 PCR 技术（species-specific PCR，SS-PCR），在设计目标物种的引物时必须充分考虑引物的特异性，使得在扩增未知模板时能够根据目标片段条带的有无就能把目标种类与其他种类鉴别开。SS-PCR 技术具有快速、经济、特异性强、灵敏度高、重复性好等优点，同时，基于常规 PCR 的分子检测方法，对实验仪器要求不高，一般检验检疫部门技术中心的分子生物学实验室都能开展相关实验。因此，该技术更易于在实际工作中推广应用。

（二）实时荧光 PCR 检测方法

实时荧光 PCR（real-time PCR）最早由 Higuchi 在 1992 年提出，1996 年由美国 Applied Biosystems 公司推出一种利用特殊的荧光探针进行扩增，根据相应的荧光信号累积来检测病原菌的方法。荧光基团包括荧光染料和荧光探针两大类。实时荧光定量 PCR 所用荧光探针主要有 3 种：分子信标探针、杂交探针和 TaqMan 荧光探针，其中 TaqMan 荧光探针使用最为广泛。TaqMan 技术是在普通 PCR 原有的一对特异性引物基础上，增加了一条特异性的荧光双标记探针，从而使荧光信号的累积与 PCR 产物形成完全同步。实时荧光 PCR 可以通过杂交探针（TaqMan 技术）或双链染料

（SYBR Green I 染料技术）持续监测样品的 PCR 扩增过程，该技术可以通过电脑屏幕上出现的收集的荧光信号数据所呈现的对数线性区域并与对照样品比对来鉴定样品。

实时荧光 PCR 具有如下优点：极高的敏感度，可以对小于 5 拷贝的靶基因序列进行定量分析；可以分析极其微小的基因表达差异；可以相对快速、高通量地自动分析；在密闭的反应器中进行反应，不需要 PCR 后操作，可以最小化交叉污染的可能性。

（三）LAMP 检测方法

2000 年，日本学者 Notomi 等在《Nucleic Acids Res》杂志上公开了一种新的适用于基因诊断的恒温核酸扩增技术，即环介导等温扩增技术（loop-mediated isothermal amplification，LAMP），受到了世界卫生组织（WHO）以及各国（地区）学者和相关政府部门的关注。环介导等温扩增技术是一种新型核酸体外等温扩增技术，具有快速、特异、敏感、简便等特点。传统的 PCR 技术以及在此基础上发展起来的荧光 PCR、免疫 PCR 等能够实现对生物体核酸进行敏感、快速检测，但是由于需要的仪器设备昂贵，反应时间过长使得以 PCR 为基础的核酸扩增技术在现场快速检测和基层应用推广中受到了一定的限制。与传统 PCR 相比，等温扩增具有无须改变温度的优点，系统简单，操作快捷，可与各种系统结合。

LAMP 原理是针对靶基因的 6 个区域设计 4 条特异引物，利用一种链置换 DNA 聚合酶（Bst DNA polymerase）在恒温条件下（65℃左右）保温约 60min，即可完成核酸扩增。该技术反应体系由 dNTPs、BstDNA 聚合酶、引物及 DNA 模板等组成。LAMP 反应的引物由 1 对外部引物、1 对内部引物以及 1 对环引物组成，引物集中的各引物分别特异性识别目标 DNA 的 6 个不同区域，多引物的结合使得 LAMP 技术具有高度的特异性。

LAMP 反应产物常用的检测方法包括实时监测法、琼脂糖凝胶电泳检测法以及比色检测法。实时监测法通过设定明确阈值，利用实时监测仪对 LAMP 反应产生的焦磷酸镁白色沉淀或定量环介导等温扩增（quantitative loop-mediated isothermal amplification，qLAMP）反应形成的荧光信号产物进行实时监测，检测结果比肉眼观测更客观。LAMP 反应结果可以由琼脂糖凝胶电泳检测法获得，但由于 LAMP 技术扩增得到的 DNA 片段长短不一，因而经琼脂糖凝胶电泳后条带呈梯带状。此外，LAMP 反应结果还可以由比色检测法获得，在 LAMP 反应体系中加入特定染料至反应结束后，目标样本的颜色发生变化，非目标样本的颜色不变，从而判定检测结果。比色检验法可以直接获取检测结果，大大提高了检测速度，从而实现田间植物病原物的快速检测。

LAMP 技术已成功用于植物病原物真菌、细菌、病毒等病原物检测并表现出明显的优势和巨大的潜能。当 LAMP 技术与 DNA 快速提取技术结合后，具有高度的特异性与灵敏度。如 Kong 等利用 LAMP 技术进行特异性扩增后，将葡萄霜霉病菌从其他 38 种病原物中鉴定出来，并且在 30min 内完成了低于 1.32fg/L 目标 DNA 的检测，该技术同样可用于葡萄霜霉病菌的田间检测，为葡萄霜霉病防控适期的确定提供指导。赵媛媛等利用 LAMP 技术成功检测了引起玉米茎腐病的强雄腐霉，且在 60min 内即可快速、准确地获得检测结果，最低检测灵敏度为 10pg/L，比普通 PCR 灵敏 1000 倍，能够满足现场快速检测的要求。Bühlmann 等利用 LAMP 技术对梨火疫病菌的目标基因编码序列 CDSs 进行了特异性扩增，并利用等温扩增荧光检测系统对产物进行了检测，检测极限为 100CFU/mL。马铃薯纺锤块茎类病毒是欧洲和南美洲马铃薯检疫性有害生物之一，Lenarcic 等建立 RT-LAMP 技术并对其进行检测，只需 15~25min 即可得到检测结果，检测极限是 100~1000 拷贝，灵敏度是 qPCR 的 10 倍。

（四）基因芯片检测方法

基因芯片技术是国际上发展十分迅速的一项高新科技，它的主要特点是高通量、微型化和自动化，可以同时检测多种有害生物。其基本原理是将生物核酸高密度微点阵在硅片、玻片、尼龙膜等固相支持物上，与放射性同位素或荧光物质标记的 DNA、cDNA 或蛋白质等样品进行杂交，通过检测杂交信号即可实现对生物样品的分析。可以在 $1cm^2$ 的载体表面固定数以万计的探针分子，然后对获得的信息进行同步快速的全自动分析。此外，由于基因芯片上探针定位的精确性及信息的可知性，可以利用芯片进行靶基因不同状态及单个碱基的分析。在基因芯片检测样品的需要量降低的同时，相应地提高了检测的灵敏度，此技术已经广泛应用于人类流行病学和动物传染病的检测中，在植物病害的快速检测上也具有广阔的应用前景。

基因芯片（gene chip），又称 DNA 芯片（DNA chip），是指采用原位合成技术或微量点样技术，将高达数十万的特定寡核苷酸片段或 cDNA 片段有序地、高密度地排列于硅片、玻片或尼龙膜等固相载体上，形成二维 DNA 探针阵列。待测样品的核酸分子通过在 PCR 或 RT-PCR 扩增过程中掺入荧光素来标记靶片段，被荧光标记的核酸分子与固定在载体上的核酸探针按碱基配对原理进行杂交，通过检测杂交信号来实现对生物样品的快速、高效的检测及分析。

基因芯片技术主要包括 4 个基本技术环节：芯片微阵列制备、样品制备、芯片杂交及信号的检测与分析。基因芯片检测原理是基于核酸分子碱基配对，实质上是一种高密度的反向点杂交，杂交类型属固—液相杂交。基因芯片载体材料主要有玻片、硅片等刚性支持物和聚丙烯膜、硝酸纤维膜、尼龙膜等薄膜型支持物，目前应用最为广泛的是玻片，因为玻片具有价廉易得、荧光背景低、应用方便、能耐高温和高离子强度的洗涤等优点。

集成流路芯片技术。集成流路（Integrated fluidic circuit，IFC）芯片是一种利用具有高弹性的聚二甲基硅氧烷（palydimethylsil-oxane，PDMS）材料，采用多层软刻蚀（multilayer soft lithography，MSL）技术在芯片上设计并加工成高密度的微泵微阀结构，通过控制微泵微阀的关闭和开启，快速准确地将反应液分成若干独立的纳升量级反应单元，实现多步平行进行的通量高、体积小的 PCR 反应平台。这种以高分子硅橡胶为材料基础的纳升量级微流控生物芯片是 Unger 等于 2000 年提出的，与其他生物芯片相比，该技术利用专门设计的流路和阀门，通过计算机控制，在芯片上自动完成生物样品和反应试剂的分液，极大简化了移液操作，又可防止污染的发生；其纳升量级的反应体系为高通量的检测分析节约了大量成本；同时，由于可检测单拷贝的 DNA 分子，从根本上提高了检测的灵敏度和准确度。

集成流体通路技术自出现以来，得到了科学界的认可，该领域内的各大公司也相继推出了商业化产品。2006 年，美国 Fluidigm 公司率先推出基于 IFC 技术的 BioMarkTM 基因分析系统，该系统是集成 IFC 技术、Real-Time PCR 技术和基因分析软件相结合的技术平台，由 BioMarkTM Real-Time PCR 系统、IFC 芯片、IFC 控制器和数据分析软件 4 部分构成。其中，IFC 芯片有 2 种，即数码芯片（digital array）和动态芯片（dynamic array）。

以 IFC 芯片为反应平台的多种 PCR 技术已在医学诊断、基因分型、单细胞基因表达、转基因检测、环境微生物检测、下一代测序等方面得到了广泛的应用。姜帆（2015）将筛选出的 27 种我国主要检疫性实蝇种特异性引物和探针组合，应用集成流路芯片鉴定技术，成功建立了我国检疫性实蝇集成流路芯片鉴定方法，设定 CT≤20.0 为阳性扩增。整个鉴定流程只需 7.5h 左右即可完成。由于 48.48 动态芯片每次最多可进行 48（引物探针组合）×48（样本）个实时荧光 PCR 反应，因此，应用 27 种我国主要检疫性实蝇种特异性引物和探针组合，只需一次实验即可实现 27 种我国主要检疫性实蝇的快速鉴定。

基于集成流路芯片的实时荧光 PCR 技术不仅具备传统实时荧光 PCR 技术特异性强、检测效率高、无污染的优点，而且 IFC 芯片简化了传统实时荧光 PCR 的操作步骤，使操作流程简化至 1/48；其纳升级的反应体系（每个微反应室的总体系约为 0.2μL）比传统 PCR 和实时荧光 PCR 反应（每个反应体系一般为 20μL~25μL）的试剂耗费减少 100 倍。在大量样品需要被检测的实际应用中，基于集成流路芯片的实时荧光 PCR 技术将发挥更大的作用。

（五）DNA 条形码技术

DNA 条形码技术（DNA Barcoding）是利用一个或少数几个 DNA 片段对地球上现有物种进行识别和鉴定的一项新技术，它以传统的 DNA 序列标记技术为基础，在概念上与基因分型类似，并与系统发育和分类学研究有一定的关联。它是近年来进展最迅速的学科前沿之一，在动物、植物等多种生物上得到了广泛重视。它是利用标准的、具有足够变异的、易扩增且相对较短的 DNA 片段而创建的一种新的生物身份识别系统，以实现对物种的快速自动鉴定。标准化是未来口岸检验检疫发展的必然趋势，基因条形码的主要创新之处在于扩大了研究对象的范围并有利于标准化的实现。与此同时，以凭证标本为主的 DNA 参考序列数据库的建立，也将极大地提高生物样本的分析效率并且有助于提高口岸疫情检测能力。

2004 年，由美国学者 Schindel 和 Miller 发起成立了生命条形码协会（Consortium for the Barcode of Life，CBOL），目标是获取所有物种的 DNA 条形码序列，构建参考序列数据库，提供物种鉴定服务。CBOL 成立之后，受到许多国家（地区）高等院校和科研机构的重视，现已有近 50 个国家（地区）的研究团体加入了这个协会。与此同时，在加拿大政府的支持下，PaulHebert 启动了国际生命条形码计划（International Barcode of Life

Project，iBOL），该计划得到很多国家和地区的支持。我国也积极参与到这个计划中，并作为 4 个中心节点之一，负责亚太地区生命条形码项目。iBOL 的主要目标是收集生物样本，获取物种的 DNA 条形码序列，构建 DNA 条形码参考数据库，建立信息管理系统，提供物种鉴定和信息服务。iBOL 成立了 5 个工作组，分别负责 DNA 条形码数据库、方法和技术、信息化和国际合作等工作。中国科学院微生物研究所是 iBOL 的信息化工作组成员之一，负责建设镜像系统工作。迄今为止，国际生命条形码计划已经获取了约 17 万个命名种的 200 多万号标本 DNA 条形码序列。国际生命条形码计划是一项非常有意义的工程，数据库系统建成开放后，即便没有分类学研究背景的研究人员也能根据参考数据库进行准确的物种鉴定。与传统形态分类相比，DNA 条形码鉴定的显著优点：非专业化，无须分类学基础；标准化，准确、快速和高通量；有效地解决了近似种和隐存种等传统分类学面临的分类难题。

（六）高通量测序技术

1977 年，Sanger 等的 DNA 双脱氧核苷酸末端终止测序法（chain termi-nator sequencing）以及 Maxam 和 Gilbert 的 DNA 化学降解测序法（chemical degradation sequencing）的出现标志着第一代测序技术诞生。由于化学降解测序法操作过于复杂，逐渐被淘汰，而 Sanger 测序法则成为第一代测序的代表，沿用至今。Sanger 测序法的原理是利用带有不同标记的双脱氧核苷酸（ddNTP），终止 DNA 链的延伸，产生大量不同片段长度的 DNA 片段，通过凝胶电泳分离检测读取 DNA 碱基序列。Sanger 测序法具有高准确度和长读长的优势，在 PCR 产物测序、质粒测序、小型基因组测序等方面广泛应用。但由于受其通量低、成本较高等缺陷限制，难以进行大型基因组测序。为解决这一问题，高通量测序（high-throughput sequencing）技术应运而生。

高通量测序是 DNA 测序发展历程的一个里程碑，它能同时对数百万个 DNA 分子进行测序，又被称为下一代测序（next generation sequencing，NGS）或深度测序（deep sequencing）。相比于第一代测序技术，高通量测序技术性价比更高，它具有第一代测序无法比拟的高通量，相对成本更低。高通量测序技术目前主要运用于全基因组测序、转录组学、宏基因组、表观遗传学等方面，并且已在检验检疫中广泛运用，如有害生物鉴定与监测、新的有害生物的发现、有害生物基因组学研究、有害生物与祭祖互作以及致病机制研究等。Hagen 等（2011）利用 Small RNA 高通量测序技术对接种了番茄斑萎病毒的番茄进行分析，在植物寄主出现明显症状之前准确检测到病原物。Goodwin 等（2011）利用高通量测序技术对引起全球小麦病害的禾小球腔菌的基因组进行分析，发现该菌编码少量的植物细胞壁降解酶，推测禾小球腔菌侵染小麦活体阶段采取一种逃避寄主防御的隐秘致病机制。Caporaso 等（2012）利用 16S rRNA 高通量测序检测病原物种群的波动。Verbeek 等（2014）通过对荷兰种植的一种具有叶基部坏死并伴随叶卷曲症状的莴苣进行了总 RNA 高通量测序分析，发现了一种被称为莴苣坏死叶卷病毒的新病原物。Gao 等（2016）通过高通量测序对引起小麦叶斑病的病原菌的 91 株自然种群进行 SNP 位点分析，发现了 1 个新的毒力因子。

不同的测序平台有其各自的优劣势，二代测序技术现已广泛运用，但存在依赖于模板扩增以及序列读长短等缺点，而三代测序技术则不需要进行模板扩增，读长可达到上千个碱基。根据实验研究需求选择合适的测序平台，并且可以将高精准的二代测序技术与长读长的三代测序技术结合起来更好地解决实际问题。随着高通量测序技术的不断发展，应用越来越广泛，在检验检疫行业中也将会发挥越来越重要的作用。

附 录

APPENDIXES

附录 1　欧亚经济联盟对种子和繁殖材料的特殊植物检疫要求

$$\diamondsuit$$

序号	应检产品类别（欧亚经济联盟对外经济活动商品名录代码）	特殊植物检疫要求
种子材料		
1	谷物和粮用豆类作物种子（自 1209、0708，自 1001，自 1002，自 1003，自 1004，自 1006，自 1007，自 1008，自 1201）	种子、包装、运输工具不得带有本要求第 16 条所述的检疫对象，无瘤背豆象属（*Callosobruchus* spp.）、谷斑皮蠹（*Trogoderma granarium*）和阔鼻象虫（*Caulophilus latinasus*）
2	小麦属（*Triticum* spp.）种子、小黑麦（Triticosecale）种子（自 1001、1008 60 000 0）	遵照本表第 1 条。应来自小麦蜜穗病菌（*Rathayibacter tritici*）的非疫区和（或）非疫产地；小麦印度腥黑穗病［*Tilletia* (Neovossia) *indica*］的非疫区和（或）非疫产区
3	玉米（*Zea mays* spp.）种子（自 0709 99 600 0）	遵照本表第 1 条。应来自斯氏泛菌斯氏亚种（玉米细菌性枯萎病菌）（*Pantoea stewartii* subsp. *Stewartii*）、玉米穗干腐病（*Stenocarpella macrospora* 和 *Stenocarpella maydis* 和玉米圆斑病（*Cochliobolus carbonum*）的非疫区
4	稻属（*Oryza* spp.）种子（自 1006）	遵照本表第 1 条。应来自水稻白叶枯（*Xanthomonas oryzae* pv. *oryzae*）和水稻细菌性条斑病（*Xanthomonas oryzae* pv. *oryzicola*）的非疫区
5	向日葵属（*Helianthus* spp.）种子（自 1206 00 100 0）	遵照本表第 1 条。应来自向日葵茎溃疡病菌（*Diaporthe helianthi*）的非疫区和（或）非疫产区
6	粮用豆类作物种子（自 0708，自 1201，自 1209）	遵照本表第 1 条。应来自烟草环斑病毒（*Tobacco ringspot nepovirus*）、番茄环斑病毒（*Tomato ringspot nepovirus*）和大豆紫斑病菌（*Cercospora kikuchii*）的非疫区和（或）非疫产区
7	茄类、浆果、甜瓜类作物的种子（自 1209 91，自 1209 99 990 0）	遵照本表第 1 条。应来自烟草环斑病毒（*Tobacco ringspot nepovirus*）和番茄环斑病毒（*Tomato ringspot nepovirus*）的非疫区和（或）非疫产区

续表1

序号	应检产品类别（欧亚经济联盟对外经济活动商品名录代码）	特殊植物检疫要求
8	辣椒属（*Capsicum* spp.）种子（自 1209）	遵照本表第 1 条。应来自马铃薯纺锤块茎类病毒（*Potato spindle tuber viroid*）的非疫区、非疫产区和（或）非疫生长点
9	番茄种子（自 1209）	遵照本表第 1 条和第 7 条。应来自马铃薯纺锤块茎类病毒（Potato spindle tuber viroid）的非疫区、非疫产区和（或）非疫生长点；茄科伯克氏菌（马铃薯青枯病菌）（*Ralstonia solanacearum*）的非疫区、非疫产区和（或）非疫生长点
10	南瓜作物种子（1207 70 000 0，自 1209）	遵照本表第 1 条和第 7 条。应来自西瓜噬酸菌（瓜类细菌性果斑病菌）（*Acidovorax citrulli*）的非疫区、非疫产区和（或）非疫生长点
11	各种葱属（*Allium* spp.）种子（自 1209）	遵照本表第 1 条。应来自地毯草黄单胞菌葱蒜变种（葱蒜叶枯病菌）（*Xanthomonas axonopodis* pv. *Allii*）的非疫区和（或）非疫产区
12	棉属（*Gossypium* spp.）种子（1207 21 000 0）	遵照本表第 1 条。应来自棉红铃虫（*Pectinophora gossypiella*）和棉苗炭疽病菌（*Glomerella gossypii*）的非疫区和（或）非疫产区
马铃薯种子		
13	马铃薯（*Solanum tuberosum*）的种子和试管苗，包括微型种薯（自 0602，自 0701）	遵照本要求的第 18 条和第 19 条，以及本表的第 7 条。不得带有马铃薯黄化病毒（*Potato yellowing alfamovirus*）、安第斯马铃薯斑驳病毒（*Potato Andean mottle comovirus*）、马铃薯纺锤块茎类病毒（*Potato spindle tuber viroid*）、马铃薯 T 病毒（*Potato T trichovirus*）
14	种植用马铃薯块茎（试管苗、微型种薯除外）	遵照本要求的第 18 条和第 19 条，以及本表的第 7 条。种子应产自马铃薯黄化病毒（*Potato yellowing alfamovirus*）、安第斯马铃薯象属（*Premnotrypes* spp.）、安第斯马铃薯斑驳病毒（*Potato Andean mottle comovirus*）、安第斯马铃薯潜隐病毒（*Potato Andean latent tymovirus*）、马铃薯黑粉病菌（*Thecaphora solani*）、美国马铃薯跳甲（*Epitrix cucumeris*）、块茎跳甲（*Epitrix tuberis*）、马铃薯 T 病毒（*Potato T trichovirus*）、马铃薯白线虫（*Globodera pallida*）、茄科伯克氏菌（马铃薯青枯病菌）（*Ralstonia solanacearum*）、马铃薯纺锤块茎类病毒（*Potato spindle tuber viroid*）、马铃薯金线虫（*Globodera rostochiensis*）、马铃薯块茎蛾（*Phthorimaea operculella*）、奇特伍德根结

续表2

序号	应检产品类别（欧亚经济联盟对外经济活动商品名录代码）	特殊植物检疫要求
14	种植用马铃薯块茎（试管苗、微型种薯除外）	线虫（*Meloidogyne chitwoodi*）、伪根结线虫（*Meloidogyne fallax*）、内生集壶菌（马铃薯癌肿病菌）（*Synchytrium endobioticum*）和凤仙花坏死斑病毒（*Impatiens necrotic spot virus*）的非疫区和（或）非疫产区 种用马铃薯不得带有植物残留，携带土壤量不得高于产品实际重量的 1% 在单批留种用马铃薯中发现分布在土壤中检疫对象时，后续供货时，允许存在的土壤量不得超过产品实际重量的 0.1%
果实作物的幼苗、砧木和插条		
15	葵花籽、核果和坚果作物的幼苗、砧木和插条，包括用于装饰的〔自 0602（0602 90 100 0 除外）〕	遵照本表的第 1 条。不得带有樱桃果蝇（*Drosophila suzukii*）、光肩星天牛（*Anoplophora glabripennis*）、梨小食心虫（*Grapholita molesta*）、梨大食心虫（*Numonia pyrivorella*）、无花果蜡蚧（*Ceroplastes rusci*）、梨笠圆盾蚧（*Quadraspidiotus perniciosus*）、星天牛（*Anoplophora chinensis*）、桃子小食心虫（*Carposina niponensis*）、梅球颈象（*Conotrachelus nenuphar*）、苹楔天牛（*Saperda candida*）、桑白盾蚧（*Pseudaulacaspis pentagona*）、康氏粉蚧（*Pseudococcus comstocki*）、苹果树吉丁（*Agrilus mali*）、苹果实蝇（*Rhagoletis pomonella*）、日本蜡蚧（*Ceroplastes japonicus*）、日本金龟子（*Popillia japonica*）和杨白片盾蚧（Lopholeucaspis japonica） 在梨笠圆盾蚧（*Quadraspidiotus perniciosus*）、桑白盾蚧（*Pseudaulacaspis pentagona*）、杨白片盾蚧（*Lopholeucaspis japonica*）、无花果蜡蚧（*Ceroplastes rusci*）和康氏粉蚧（*Pseudococcus comstocki*）分布区，在出口国（地区）对植物进行消毒，并在植物检疫证书做消毒记录后，允许从上述分布区进口 应产自马铃薯白线虫（*Globodera pallida*）、马铃薯金线虫（*Globodera rostochiensis*）、奇特伍德根结线虫（*Meloidogyne chitwoodi*）、伪根结线虫（*Meloidogyne fallax*）、烟草环斑病毒（*Tobacco ringspot nepovirus*）、番茄环斑病毒（*Tomato ringspot nepovirus*）、内生集壶菌（马铃薯癌肿病菌）（*Synchytrium endobioticum*）和多主瘤梗单孢霉菌（棉根腐病菌）（*Phymatotrichopsis omnivora*）的非疫区、非疫产区和（或）非疫生长点

序号	应检产品类别（欧亚经济联盟对外经济活动商品名录代码）	特殊植物检疫要求
16	苹果属（*Malus* spp.）幼苗、砧木和插条	遵照本表的第15、19和21条。应产自美澳型核果褐腐菌（*Monilinia fructicola*）和樱桃锉叶病毒（*Cherry rasp leaf nepovirus*）的非疫区、非疫产区和（或）非疫生长点
17	李属（*Prunus* spp.）核果植物的幼苗、砧木和插条，包括装饰形式的［自0602（0602 90 100 0除外）］	遵照本表的第15条。应产自美澳型核果褐腐菌（*Monilinia fructicola*）和李痘病毒（*Plum pox potyvirus*）的非疫区、非疫产区和（或）非疫生长点
18	桃树（*Prunus persica*）幼苗、砧木和插条；扁桃（*Prunus dulcis*）幼苗、砧木和插条［自0602（0602 90 100 0除外）］	遵照本表的第15和17条。应产自美澳型核果褐腐菌（*Monilinia fructicola*）、桃丛簇花叶病毒（*Peach rosette mosaic nepovirus*）和桃潜隐花叶类病毒（*Peach latent mosaic viroid*）的非疫区、非疫产区和（或）非疫生长点
19	苹果属（*Malus* spp），梨属（*Pyrus* spp.），日本木瓜（*Chaenomeles japonica*），山楂属（*Crataegus* spp.），花楸属（*Sorbus* spp.），唐棣属（*Amelanchier* spp.），枇杷（*Eriobotrya japonica*），枸子属（*Cotoneaster* spp.），火棘属（*Pyracantha* spp.），红果树属（*Stranvaesia* spp.）的幼苗、砧木和插条	遵照本表的第15条。应产自噬淀粉欧文氏菌（梨火疫病菌）（*Erwinia amylovora*）的非疫区和（或）非疫产区

续表4

序号	应检产品类别（欧亚经济联盟对外经济活动商品名录代码）	特殊植物检疫要求
20	欧洲李（*Prunus domestica*）和杏（*Armeniaca vulgaris*）的幼苗、砧木和插条［自 0602（0602 90 100 0除外）］	遵照本表的第 15 和 17 条。应产自噬淀粉欧文氏菌（梨火疫病菌）（*Erwinia amylovora*）的非疫区和（或）非疫产区
21	苹果属（*Malus* spp.）、梨属（*Pyrus* spp.）、榅桲属（*Cydonia* spp.）的幼苗、砧木和插条［自 0602（0602 90 100 0除外）］	遵照本表的第 15 和 19 条。应产自苹果丛生植原体（*Apple proliferation phytoplasma*）和梨衰退植原体（*Pear decline phytoplasma*）的非疫区和（或）非疫产区
22	胡桃属（*Juglans* spp.）和其他种类的幼苗、砧木和插条［自 0602（0602 90 100 0除外）］	应产自核桃溃疡病的非疫区和（或）非疫产区
23	美国山核桃（*Carya illinoinensis*）的幼苗、砧木和插条［自 0602（0602 90 100 0除外）］	应产自多主瘤梗单孢霉菌（棉根腐病菌）（*Phymatotrichopsis omnivora*）的非疫区
浆果作物的幼苗、砧木和插条		
24	浆果作物的幼苗、砧木和插条［自 0602（0602 90 100 0除外）］	不得带有樱桃果蝇（*Drosophila suzukii*）、三叶草斑潜蝇（*Liriomyza trifolii*）、斜纹夜蛾（*Spodoptera litura*）、西花蓟马（*Frankliniella occidentalis*）、海灰翅夜蛾（*Spodoptera littoralis*）、梨笠圆盾蚧（*Quadraspidiotusperniciosus*）、烟粉虱（*Bemisiatabaci*）、美洲斑潜蝇（*Liriomyzasativae*）、桑白盾蚧（*Pseudaulacaspis pentagona*）、拉美豌豆斑潜蝇（*Liriomyza huidobrensis*）、苹果实蝇（*Rhagoletis pomonella*）和日本金龟子（*Popillia japonica*）

续表5

序号	应检产品类别（欧亚经济联盟对外经济活动商品名录代码）	特殊植物检疫要求
24	浆果作物的幼苗、砧木和插条［自 0602（0602 90 100 0 除外）］	应产自马铃薯白线虫（*Globodera pallida*）、马铃薯金线虫（*Globodera rostochiensis*）、奇特伍德根结线虫（*Meloidogyne chitwoodi*）、伪根结线虫（*Meloidogyne fallax*）、烟草环斑病毒（*Tobacco ring spot nepovirus*）、番茄环斑病毒（*Tomato ring spot nepovirus*）、内生集壶菌（马铃薯癌肿病菌）（*Synchytrium endobioticum*）和多主瘤梗单孢霉菌（棉根腐病菌）（*Phymatotrichopsis omnivora*）的非疫区、非疫产区和（或）非疫生产点 允许从分布有梨笠圆盾蚧（*Quadraspidiotus perniciosus*）和桑白盾蚧（*Pseudaulacaspis pentagona*）的地区进口浆果作物幼苗和插条，条件是对应检产品进行消毒，并提供植物检疫证明中的消毒记录
25	悬钩子属（*Rubus* spp.）的幼苗和插条［自 0602（0602 90 100 0 除外）］	遵照本表第24条。应产自草莓红心疫霉病菌（*Phytophthora fragariae*）、凤仙花坏死斑点病毒（*Impatiens necrotic spot virus*）的非疫产区和（或）非疫生产点
26	草莓属（*Fragaria* spp.）和覆盆子（*Rubus idaeus*）的幼苗和插条［自 0602（0602 90 100 0 除外）］	遵照本表第24条。应产自草莓黑斑病菌（*Colletotrichum acutatum*）、草莓红心疫霉病菌（*Phytophthora fragariae*）的非疫产区和（或）非疫生产点
27	越橘属（*Vaccinium* spp.）的幼苗和插条［自 0602（0602 90 100 0 除外）］	遵照本表第23条。应产自越橘间座壳（*Diaporthe vaccinii*）和栎树猝死病菌（*Phytophthora ramorum*）的非疫产区和（或）非疫生产点

续表6

序号	应检产品类别（欧亚经济联盟对外经济活动商品名录代码）	特殊植物检疫要求
葡萄幼苗、砧木和插条		
28	葡萄属（Vitis spp.）幼苗、砧木和插条［自0602（0602 90 100 0除外）］	应产自葡萄根瘤蚜［Dactylosphaera（Viteus）vitifoliae］、（蛛蚧属）（Margarodes vitis）的非疫区，橘小粉蚧（Pseudococcus citriculus）、葡萄溃疡病（Xylophilus ampelinus）、Candidatus Phytoplasma vitis（植原体）、无花果蜡蚧（Ceroplastes rusci）、烟草环斑病毒（Tobacco ringspot nepovirus）、番茄环斑病毒（Tomato ringspot nepovirus）、桃丛簇病毒（Peach rosette mosaic nepovirus）、多主瘤梗单孢霉菌（棉根腐病菌）（Phymatotrichopsis omnivora）、康氏粉蚧（Pseudococcus comstocki）和日本蜡蚧（Ceroplastes japonicus）的非疫区 允许从橘小粉蚧（Pseudococcus citriculus）、无花果蜡蚧（Ceroplastes rusci）、康氏粉蚧（Pseudococcus comstocki）和日本蜡蚧（Ceroplastes japonicus）的发生地区进口，条件是对应检产品进行处理，并在植物检疫证明中提供处理记录
装饰性作物的鳞球茎、球茎和根茎		
29	装饰性作物的鳞球茎、球茎和根茎（自0601）	不得带有西花蓟马（Frankliniella occidentalis）、棕榈蓟马（Thrips palmi） 应产自马铃薯白线虫（Globodera pallida）、马铃薯金线虫（Globodera rostochiensis）、奇特伍德根结线虫（Meloidogyne chitwoodi）、伪根结线虫（Meloidogyne fallax）、烟草环斑病毒（Tobacco ringspot nepovirus）、番茄环斑病毒（Tomato ringspot nepovirus）、凤仙花坏死斑点病（Impatiens necrotic spot virus）、内生集壶菌（马铃薯癌肿病菌）（Synchytrium endobioticum）和多主瘤梗单孢霉菌（棉根腐病菌）（Phymatotrichopsis omnivora）的非疫区、非疫产区和（或）非疫生产点

229

续表7

序号	应检产品类别（欧亚经济联盟对外经济活动商品名录代码）	特殊植物检疫要求
30	葱属（*Allium* spp.）类植物鳞球茎（自 0601，自 0703）	应产自地毯草黄单胞菌葱蒜变种（葱蒜叶枯病菌）（*Xanthomonas axonopodis* pv. *allii*）的生产地区、地方和（或）地段
装饰性作物乔木和灌木		
31	所有装饰性作物乔木和灌木（森林装饰性作物除外）［自 0602（0602 90 100 0 除外）］	不得带有美国白蛾（*Hyphantria cunea*）、光肩星天牛（*Anoplophora glabripennis*）、星天牛（*Anoplophora chinensis*）、斜纹夜蛾（*Spodoptera litura*）、海灰翅夜蛾（*Spodoptera littoralis*）、三叶草斑潜蝇（*Liriomyza trifolii*）、美洲斑潜蝇（*Liriomyza sativae*）、南美斑潜蝇（*Liriomyza huidobrensis*）、日本金龟子 *Popillia japonica*）、花曲柳窄吉丁（*Agrilus planipennis*）、桑白盾蚧（*Pseudaulacaspis pentagona*）、杨白片盾蚧（*Lopholeucaspis japonica*）、康氏粉蚧（*Pseudococcus comstocki*）、无花果蜡蚧（*Ceroplastes rusci*）、日本蜡蚧（*Ceroplastes japonicus*）和桔小粉蚧（*Pseudococcus citriculus*） 应产自多主瘤梗单孢霉菌（棉根腐病菌）（*Phymatotrichopsis omnivora*）、栎树猝死病菌（*Phytophthora ramorum*）、康沃尔疫霉（栎树溃疡病菌）（*Phytophthora kernoviae*）、美澳型核果褐腐菌（*Monilinia fructicola*）、白蜡鞘孢菌（白蜡枯梢病）（*Chalara fraxinea*）、烟草环斑病毒（*Tobacco ringspot nepovirus*）、番茄环斑病毒（*Tomato ringspot nepovirus*）、马铃薯白线虫（*Globodera pallida*）、马铃薯金线虫（*Globodera rostochiensis*）、奇特伍德根结线虫（*Meloidogyne chitwoodi*）、伪根结线虫（*Meloidogyne fallax*）、内生集壶菌（马铃薯癌肿病菌）（*Synchytrium endobioticum*）的非疫区、非疫产区和（或）非疫生产点 允许从分布有 *Quadraspidiotus perniciusus*、桑白盾蚧（*Pseudaulacapsis pentagona*）、杨白片盾蚧（*Lopholeucaspis japonica*）、康氏粉蚧（*Pseudococcus comstochi*）、无花果蚧（*Ceroplastes rusci*）、日本蜡蚧（*Ceroplastes japonicus*）、桔小粉蚧（*Pseudococcus citriculus*）的地区进口，条件是对应检产品进行消毒，并在植物检疫证明中提供消毒记录

续表8

序号	应检产品类别（欧亚经济联盟对外经济活动商品名录代码）	特殊植物检疫要求
32	日本木瓜（*Chaenomeles japonica*）、山楂属（*Crataegus* spp.）、枸子属（*Cotoneaster* spp.）、花楸属（*Sorbus* spp.）、唐棣属（*Amelanchier* spp.）、火棘属（*Pyracantha* spp.）、红果树属（*Stranvaesia* spp.）和枇杷（*Eriobotrya japonica*）的幼苗、砧木和插条	遵守本表的第31条。应产自噬淀粉欧文氏菌（梨火疫病菌）（*Erwinia amylovora*）的非疫区、非疫产区和（或）非疫生产点
森林装饰作物和森林作物的幼苗		
33	针叶类幼苗（包括盆景）［崖柏属（*Thuja*）、红豆杉属（*Taxus*）、松属（*Pinus*）除外］［自0602（0602 90 100 0除外）］	遵守本要求的第43和45条。应产自西针喙缘蝽（*Leptoglossus occidentalis*）、西部松大小蠹（*Dendroctonus brevicomis*）、中欧山松大小蠹（*Dendroctonus ponderosae*）、红脂大小蠹（*Dendroctonus valens*）、粗齿小蠹（*Ips calligraphus*）、南部松齿小蠹（*Ips grandicollis*）、云杉松齿小蠹（*Ips pini*）、黑松八齿小蠹（*Ips plastographus*）、松材线虫（*Bursaphelenchus xylophilus*）、松针褐斑病菌（*Mycosphaerella dearnessii*）、嗜松枝干溃疡病菌（*Atropellis piniphila*）的非疫区；马铃薯白线虫（*Globodera pallida*）、马铃薯金线虫（*Globodera rostochiensis*）、奇特伍德根结线虫（*Meloidogyne chitwoodi*）、伪根结线虫（*Meloidogyne fallax*）、内生集壶菌（马铃薯癌肿病菌）（*Synchytrium endobioticum*）的非疫产区和（或）非疫生产点

续表9

序号	应检产品类别（欧亚经济联盟对外经济活动商品名录代码）	特殊植物检疫要求
34	栽种类松属（*Pinus* spp.）植物（幼苗、盆景）（自 0602 90 410 0）	遵守本要求的第43和45条。应产自西针喙缘蝽（*Leptoglossus occidentalis*）、西部松大小蠹（*Dendroctonus brevicomis*）、中欧山松大小蠹（*Dendroctonus ponderosae*）、红脂大小蠹（*Dendroctonus valens*）、粗齿小蠹（*Ips calligraphus*）、南部松齿小蠹（*Ips grandicollis*）、云杉松齿小蠹（*Ips pini*）、黑松八齿小蠹（*Ips plastographus*）、松材线虫（*Bursaphelenchus xylophilus*）、松针褐斑病菌（*Mycosphaerella dearnessii*）、嗜松枝干溃疡病菌（*Atropellis piniphila*）和松生枝干溃疡病菌（*Atropellis pinicola*）的非疫区
35	阔叶类幼苗，栎属（*Quercus* spp.）和栗属（*Castanea* spp.）、密花石栎（*Lithocarpus densiflorus*）、黄叶栲（*Castanopsis chrysophylla*）、欧洲山毛榉（*Fagus sylvatica*）、白蜡树属（*Fraxinus* spp.）、桦木属（*Betula* spp.）、桤木属（*Alnus* spp.）、蔷薇科代表植物除外［自0602（0602 90 100 0除外）］	遵照本要求的第43和46条。应来自栎树猝死病菌（*Phytophthora ramorum*）、康沃尔疫霉（栎树溃疡病菌）（*Phytophthora kernoviae*）、赤杨衰退病原菌（*Phytophthora alni*）、*Sirococcus clavigignenti-juglandacearum*、烟草环斑病毒（*Tobacco ringspot nepovirus*）、番茄环斑病毒（*Tomato ringspot nepovirus*）的非疫区、非疫产区和（或）非疫生长点；马铃薯白线虫（*Globodera pallida*）、马铃薯金线虫（*Globodera rostochiensis*）、奇特伍德根结线虫（*Beloidogyne chitwoodi*）、伪根结线虫（*Meloidogyne fallax*）、内生集壶菌（马铃薯癌肿病菌）（*Synchytrium endobioticum*）的非疫产区和（或）非疫生长点
36	蔷薇科阔叶类幼苗［自0602（0602 90 100 0除外）］	遵照本要求的第43和46条和本表第31条。应产自（*Saperda candida*）的非疫产区，噬淀粉欧文氏菌（梨火疫病菌）（*Erwinia amylovora*）的非疫区、非疫产区和（或）非疫生产点

续表10

序号	应检产品类别（欧亚经济联盟对外经济活动商品名录代码）	特殊植物检疫要求
37	栎属（*Quercus* spp.）和栗属（*Castanea* spp.）、密花石栎（*Lithocarpus densiflorus*）、黄叶栲（*Castanopsis chrysophylla*）、欧洲山毛榉（*Fagus sylvatica*）幼苗［自0602（0602 90 100 0 除外）］	遵照本要求的第43和46条。应产自山毛榉长喙壳（栎枯萎病菌）（*Ceratocystis fagacearum*）、栎树猝死病菌（*Phyotphthora ramorum*）、康沃尔疫霉（栎树溃疡病菌）（*Phytophthora kernoviae*）的非疫区和（或）非疫产区
38	栎属（*Quercus* spp.）果实、栗属（*Castanea* spp.）果实（自0802 41 000 0，自0802 42 000 0，自1209 99 109 0）	遵照本要求的第43和46条。允许从毛榉长喙壳（栎枯萎病菌）（*Ceratocystis fagacearum*）的非疫区和（或）非疫产区进口
39	白蜡树属（*Fraxinus* spp.）幼苗［自0602（0602 90 100 0 除外）］	遵照本要求的第43和46条和本表第31条。应产自花曲柳窄吉丁（*Agrilus planipennis*）和白蜡鞘孢菌（白蜡枯梢病）（*Chalara fraxinea*）的非疫区和（或）非疫产区
40	桦木属（*Betula* spp.）幼苗［自0602（0602 90 100 0 除外）］	遵照本要求的第43和46条和本表第31条。应产自桦铜窄吉丁（*Agrilus anxius*）的非疫区
41	桤木属（*Alnus* spp.）幼苗［自0602（0602 90 100 0 除外）］	遵照本表第31条。应产自赤杨衰退病原菌（*Phytophthora alni*）的非疫产区和（或）非疫生产点
42	阔叶和针叶装饰性作物的秧苗，以及带根部土球的果实作物秧苗［自0602（0602 90 100 0 除外）］	遵照本表第31、33和36条。应产自多主瘤梗单孢霉菌（棉根腐病菌）（*Phymatotrichopsis omnivora*）的非疫区

续表11

序号	应检产品类别（欧亚经济联盟对外经济活动商品名录代码）	特殊植物检疫要求
各种作物的盆栽植物		
43	各种作物的盆栽植物 ［自 0602（0602 90 100 0 除外）］	不得带有斜纹夜蛾（*Spodoptera litura*）、海灰翅夜蛾（*Spodoptera littoralis*）、日本金龟子（*Popillia japonica*）、木槿根粉蚧［*Ripersiella*（*Rhizoecus*）*hibisci*］、梨笠圆盾蚧（*Quadraspidiotus perniciosus*）、桑白盾蚧（*Pseudaulacaspis pentagona*）、无花果蜡蚧（*Ceroplastes rusci*）、日本蜡蚧（*Ceroplastes japonicus*）、橘小粉蚧（*Pseudococcus citriculus*）、康氏粉蚧（*Pseudococcus comstocki*）、奇特伍德根结线虫（*Beloidogyne chitwoodi*）、伪根结线虫（*Meloidogyne fallax*）、烟草环斑病毒（*Tobacco ringspot nepovirus*）、番茄环斑病毒（*Tomato ringspot nepo virus*）、凤仙花坏死斑点病（*Impatiens necrotic spot virus*）、马铃薯白线虫（*Globodera pallida*）、马铃薯金线虫（*Globodera rostochiensis*）、烟粉虱（*Bemisia tabaci*）、美棘蓟马（*Echinothrips americanu*）、西花蓟马（*Frankliniella occidentalis*）、棕榈蓟马（*Thrips palmi*）、草地夜蛾（*Spodoptera frugiperda*）、南方灰翅夜蛾（*Spodoptera eridania*）、谷实夜蛾（*Helicoverpa zea*）、拉美豌豆斑潜蝇（*Liriomyza langei*）、涅氏韭丛斑潜蝇（*Liriomyza nietzkei*）、菊花叶潜蝇（*Amauromyza maculosa*）、烟草花蓟马（*Frankliniella fusca*）、西印花蓟马（*Frankliniella insularis*）、棉芽花蓟马（*Frankliniella schultzei*）、麦花蓟马（*Frankliniella tritici*）、茶黄蓟马（*Scirtothrips dorsalis*）、罂粟花蓟马（*Thrips hawaiiensis*）、锞纹夜蛾（*Chrysodeixis chalcites*）、南方锞纹夜蛾（*Chrysodeixis eriosoma*）、向日葵叶甲（*Zygogramma exclamationis*）、南美斑潜蝇（*Liriomyza huidobrensis*）、美洲斑潜蝇（*Liriomyza sativae*）、三叶草斑潜蝇（*Liriomyza trifolii*）、伊氏叶螨（*Tetranychus evansi*）

续表12

序号	应检产品类别（欧亚经济联盟对外经济活动商品名录代码）	特殊植物检疫要求
44	天竺葵属（*Pelargonium* spp.）植物［自 0602（0602 90 100 0 除外）］	遵照本表第43条。应产自天竺葵锈病菌（*Puccinia pelargonii-zonalis*）和茄科伯克氏菌（马铃薯青枯病菌）（*Ralstonia solanacearum*）的非疫区、非疫产区和（或）非疫生产点
45	山茶属 *Camellia* spp.）植物［自 0602（0602 90 100 0 除外）］	遵照本表第43条。应产自山茶花腐病菌（*Ciborinia camelliae*）的非疫区、非疫产区和（或）非疫生产点
46	茼蒿属（*Chrysanthemum* spp.）植物［自 0602（0602 90 100 0 除外）］	遵照本表第43条。应产自菊花球腔菌（菊花花枯病菌）（*Didymella ligulicola*）和菊花白锈病菌（*Puccinia horiana*）的非疫区、非疫产区和（或）非疫生产点
浆果作物、鲜花、蔬菜幼苗		
47	浆果作物、鲜花、蔬菜幼苗［自 0602（0602 90 100 0 除外）］	不得带有菟丝子属（*Cuscuta* spp.）植物、烟粉虱（*Bemisia tabaci*）、西花蓟马（*Frankliniella occidentalis*）、棕榈蓟马（*Thrips palmi*）、斜纹夜蛾（*Spodoptera litura*）、海灰翅夜蛾（*Spodoptera littoralis*）、美国马铃薯跳甲（*Epitrix cucumeris*）、块茎跳甲（*Epitrix tuberis*）、番茄潜叶蝇（*Tuta absoluta*）、美洲斑潜蝇（*Liriomyza sativae*）、南美斑潜蝇（*Liriomyxa huidobrensis*）、日本金龟子（*Popillia japonica*）和苹果实蝇（*Rhagoletis pomonella*） 应产自烟草环斑病毒（*Tobacco ringspot nepovirus*）、番茄环斑病毒（*Tomato ringspot nepovirus*）、凤仙花坏死斑点病（*Impatiens necrotic spot virus*）、地毯草黄单胞菌葱蒜变种（葱蒜叶枯病菌）（*Xanthomonas axonopodis* pv. *allii*）、燕麦噬酸菌西瓜亚种（西瓜果斑病菌）（*Acidovorax avenae* subsp. *Citrulli*）、内生集壶菌（马铃薯癌肿病菌）（*Synchytrium endobioticum*）、马铃薯白线虫 *Globodera pallida*）、马铃薯金线虫（*Globodera rostochiensis*）、奇特伍德根结线虫（*Meloidogyne chitwoodi*）、伪根结线虫（*Meloidogyne fallax*）的非疫区、非疫产区和（或）非疫生产点

续表13

序号	应检产品类别（欧亚经济联盟对外经济活动商品名录代码）	特殊植物检疫要求
48	草莓属（*Fragaria* spp.）和覆盆子（*Rubus idaeus*）的幼苗［自 0602（0602 90 100 0 除外）］	遵照本表第 47 条。应产自草莓疫霉红心病菌（*Phytophthora fragariae*）和尖锐刺盘孢（草莓黑斑病菌）（*Colletotrichum acutatum*）的非疫产区和（或）非疫生产点
49	黑果越橘和蔓越橘及越橘属（*Vaccinium* spp.）其他种类的幼苗［自 0602（0602 90 100 0 除外）］	遵照本表第 47 条。不得带有蓝橘绕实蝇。应产自栎树猝死病菌（*Phytophthora ramorum*）、康沃尔疫霉（栎树溃疡病菌）（*Phytophthora kernoviae*）、越橘间座壳（*Diaporthe vaccinii*）的非疫产区和（或）非疫生产点
50	茼蒿属（*Chrysanthemum* spp.）幼苗［自 0602（0602 90 100 0 除外）］	遵照本表第 43 条。应产自白菊花球腔菌（菊花花枯病菌）（*Didymella ligulicola*）和菊花白锈病菌（*Puccinia horiana*）的非疫区、非疫产区和（或）非疫生产点
51	碧冬茄属（*Petunia* spp.）和胡椒属（*Piper* spp.）的幼苗［自 0602（0602 90 100 0 除外）］	遵照本表第 47 条。应产自番茄黄曲叶病毒（*Tomato yellow leaf curl begomovirus*）和马铃薯纺锤块茎类病毒（*Potato spindle tuber viroid*）的非疫区、非疫产区和（或）非疫生产点
52	番茄（*Lycopersicon* spp.）幼苗［自 0602（0602 90 100 0 除外）］	遵照本表第 47 条。应产自番茄黄曲叶病毒（*Tomato yellow leaf curl begomovirus*）、马铃薯纺锤块茎类病毒（*Potato spindle tuber viroid*）和茄科伯克氏菌（马铃薯青枯病菌）（*Ralstonia solanacearum*）的非疫区、非疫产区和（或）非疫生产点
热带作物植物		
53	热带和亚热带作物（柑橘、棕榈、无花果、凤梨、油梨、芒果等）［自 0602（0602 90 100 0 除外）］	不得带有星天牛（*Anoplophora chinensis*）、日本金龟子（*Popillia japonica*）、苹果实蝇（*Rhagoletis pomonella*）、斜纹夜蛾（*Spodoptera litura*）、海灰翅夜蛾（*Spodoptera littoralis*）、三叶草斑潜蝇（*Liriomyza trifolii*）、美洲斑潜蝇（*Liriomyza sativae*）、南美斑潜蝇（*Liriomyza huidobrensis*）、日本金龟子（*Popillia japonica*）、烟粉虱（*Bemisia tabaci*）、西花蓟马（*Frankliniella occidentalis*）、棕榈蓟马（*Thrips palmi*）、桑白盾蚧（*Pseudaulacaspis pentagona*）、杨白片盾蚧（*Lopholeucaspis japonica*）、日本蜡蚧（*Ceroplastes japonicus*）、无花果蜡蚧（*Ceroplastes rusci*）、橘小粉蚧（*Pseudococcus citriculus*）和康氏粉蚧

续表14

序号	应检产品类别（欧亚经济联盟对外经济活动商品名录代码）	特殊植物检疫要求
53	热带和亚热带作物（柑橘、棕榈、无花果、凤梨、油梨、芒果等）［自 0602（0602 90 100 0 除外）］	（*Pseudococcus comstocki*）、木槿根粉蚧［*Ripersiella（Rhizoecus）hibisci*］、蛆症异蚤蝇（*Megaselia scalaris*）和地中海实蝇（*Ceratitis capitata*）； 应产自凤仙花坏死斑点病（*Impatiens necrotic spot virus*）、内生集壶菌（马铃薯癌肿病菌）（*Synchytrium endobioticum*）、马铃薯黑粉病菌（*Thecaphora solani*）、马铃薯白线虫（*Globodera pallida*）、马铃薯金线虫（*Globodera rostochiensis*）、奇特伍德根结线虫（*Beloidogyne chitwoodi*）、伪根结线虫（*Meloidogyne fallax*）的非疫产区和（或）非疫生产点

附录 2　中华人民共和国进境植物检疫禁止进境物名录

◇

禁止进境物	禁止进境的原因（防止传入的危险性病虫害）	禁止的国家或地区
玉米（*Zea mavs*）种子	玉米细菌性枯萎病菌 *Erwinia stewartii* （E. F. Smith）Dye	亚洲：越南、泰国 欧洲：独联体、波兰、瑞士、意大利、罗马尼亚、南斯拉夫 美洲：加拿大、美国、墨西哥
大豆（*Glycine max*）种子	大豆疫病菌 *Phytophthora megasperma* （D.）　f. sp. glycinea K. & E.	亚洲：日本 欧洲：英国、法国、独联体、德国 美洲：加拿大、美国 大洋洲：澳大利亚、新西兰

续表1

禁止进境物	禁止进境的原因（防止传入的危险性病虫害）	禁止的国家或地区
马铃薯 （*Solanum tuberosum*） 块茎及其繁殖材料	马铃薯黄矮病毒 Potato yellow dwarf virus 马铃薯帚顶病毒 Potato mop—top virus 马薯金线虫 *Clobodera rostochiensis*（Wollen.）Skarbilovich	亚洲：日本、印度、巴勒斯坦、黎巴嫩、尼泊尔、以色列、缅甸 欧洲：丹麦、挪威、瑞典、独联体、波兰、捷克、斯洛伐克、匈牙利、保加利亚、芬兰、冰岛、德国、奥地利、瑞士、荷兰、比利时、英国、爱尔兰、法国、西班牙、葡萄牙、意大利
	马铃薯白线虫 *Globodera pallida*（stone） Mulvey & Stone 马铃薯癌肿病菌 *Synchytrium endobioticum*（Schilb.）Percival	非洲：突尼斯、阿尔及利亚、南非、肯尼亚、坦桑尼亚、津巴布韦 美洲：加拿大、美国、墨西哥、巴拿马、委内瑞拉、秘鲁、阿根廷、巴西、厄瓜多尔、玻利维亚、智利 大洋洲：澳大利亚、新西兰
榆属 （*Ulmus* spp.） 苗、插条	榆枯萎病菌 *Ceratocystis ulmi*（Buisman）Moreall	亚洲：印度、伊朗、土耳其 欧洲：各国 美洲：加拿大、美国
松属 （*Pinus* spp.） 苗、接惠穗	松材线虫 *Bursaphelenchus xylophilus*（Steiner & Buhrer）Nckle 松突圆蚧 *Hemiberlesia pitysophila* Takagi	亚洲：朝鲜、日本、中国香港、中国澳门 欧洲：法国 美洲：加拿大、美国

续表2

禁止进境物	禁止进境的原因（防止传入的危险性病虫害）	禁止的国家或地区
橡胶属（*Hevea* spp.）芽、苗、籽	橡胶南美叶疫病菌 *Microcyclus ulei*（P. henn.）Von Arx.	美洲：墨西哥、中美洲及南美洲各国
烟属（*Nicotiana* spp.）繁殖材料烟叶	烟霜霉病菌 *Peronospora hyoscyami* de Bary f. sp. *tabacia*（Adem.）Skalicky	亚洲：缅甸、伊朗、也门、伊拉克、叙利亚、黎巴嫩、约旦、以色列、土耳其 欧洲：各国 美洲：加拿大、美国、墨西哥、危地马拉、萨尔瓦多、古巴、多米尼加、巴西、智利、阿根廷、乌拉圭 大洋洲：各国
小麦（商品）	小麦矮腥黑穗病菌 *Tilleiia controversa* Kuehn 小麦鳊腥黑穗病菌 *Tilletia indica* Mitra	亚洲：印度、巴基斯坦、阿富汗、尼泊尔、伊朗、伊拉克、土耳其、沙特阿拉伯 欧洲：独联体、捷克、斯洛伐克、保加利亚、匈牙利、波兰（海乌姆、卢步林、普热梅布尔、热舒夫、塔尔诺布热格、扎莫希奇）、罗马尼亚、阿尔巴尼亚、南斯拉夫、德国、奥地利、比利时、瑞士、瑞典、意大利、法国（罗讷—阿尔卑斯） 非洲：利比亚、阿尔及利亚 美洲：乌拉圭、阿根廷（布宜诺斯艾利斯、圣非）、巴西、墨西哥、加拿大（安大略）、美国（华盛顿、怀俄明、蒙大拿、科罗拉多、爱达荷、俄勒冈、犹他及其他有小麦印度腥黑穗病发生的地区）

239

续表3

禁止进境物	禁止进境的原因（防止传入的危险性病虫害）	禁止的国家或地区
水果及茄子、辣椒、番茄果实	地中海实蝇 *Ceratitis capitata* (Wiedemann)	亚洲：印度、伊朗、沙特阿拉伯、叙利亚、黎巴嫩、约旦、巴勒斯坦、以色列、塞浦路斯、土耳其 欧洲：匈牙利、德国、奥地利、比利时、法国、西班牙、葡萄牙、意大利、马耳他、南斯拉夫、阿尔巴尼亚、希腊 非洲：埃及、利比亚、突尼斯、阿尔及利亚、摩洛哥、塞内加尔、布基纳法索、马里、几内亚、塞拉利昂、利比里亚、加纳、多哥、贝宁、尼日尔、尼日利亚、喀麦隆、苏丹、埃塞俄比亚、肯尼亚、乌干达、坦桑尼亚、卢旺达、布隆迪、扎伊尔、安哥拉、赞比亚、马拉维、莫桑比克、马达加斯加、毛里求斯、留尼汪、津巴布韦、博茨瓦纳、南非 美洲：美国（包括夏威夷）、墨西哥、危地马拉、萨尔瓦多、洪都拉斯、尼加拉瓜、厄瓜多尔、哥斯达黎加、巴拿马、牙买加、委内瑞拉、秘鲁、巴西、玻利维亚、智利、阿根廷、乌拉圭、哥伦比亚 大洋洲：澳大利亚、新西兰（北岛）
植物病原体（包括菌种、毒种）、害虫生物体及其他转基因生物材料	根据《中华人民共和国进出境动植物检疫法》第五条规定	所有国家或地区
土壤	同上	所有国家或地区

附录3　中华人民共和国进境植物
检疫性有害生物名录

———◇———

见海关总署门户网站—动植物检疫司—动植物检疫要求和警示信息。

附录4　中华人民共和国禁止携带、寄递
进境的动植物及其产品和其他检疫物名录[1]

———◇———

一、动物及动物产品类

（一）活动物（犬、猫除外[2]）。包括所有的哺乳动物、鸟类、鱼类、甲壳类、两栖类、爬行类、昆虫类和其他无脊椎动物，动物遗传物质。

（二）（生或熟）肉类（含脏器类）及其制品。

（三）水生动物产品。干制，熟制，发酵后制成的食用酱汁类水生动物产品除外。

（四）动物源性乳及乳制品。包括生乳、巴氏杀菌乳、灭菌乳、调制乳、发酵乳，奶油、黄油、奶酪、炼乳等乳制品。

（五）蛋及其制品。包括鲜蛋、皮蛋、咸蛋、蛋液、蛋壳、蛋黄酱等蛋源产品。

（六）燕窝。经商业无菌处理的罐头装燕窝除外。

（七）油脂类，皮张，原毛类，蹄（爪）、骨、牙、角类及其制品。经加工处理且无血污、肌肉和脂肪等的蛋壳类、蹄（爪）骨角类、贝壳类、甲壳类等工艺品除外。

（八）动物源性饲料、动物源性中药材、动物源性肥料。

二、植物及植物产品类

（九）新鲜水果、蔬菜。

（十）鲜切花。

（十一）烟叶。

（十二）种子、种苗及其他具有繁殖能力的植物、植物产品及材料。

三、其他检疫物类

（十三）菌种、毒种、寄生虫等动植物病原体，害虫及其他有害生物，兽用生物制品、细胞、器官组织、血液及其制品等生物材料及其他高风险生物因子。

（十四）动物尸体、动物标本、动物源性废弃物。

（十五）土壤及有机栽培介质。

（十六）转基因生物材料。

（十七）国家禁止进境的其他动植物、动植物产品和其他检疫物。

注：

1. 通过携带或寄递方式进境的动植物及其产品和其他检疫物，经国家有关行政主管部门审批许可，并具有输出国家或地区官方机构出具的检疫证书，不受此名录的限制。

2. 具有输出国家或地区官方机构出具的动物检疫证书和疫苗接种证书的犬、猫等宠物，每人仅限携带或分离托运一只。具体检疫要求按相关规定执行。

3. 法律、行政法规、部门规章对禁止携带、寄递进境的动植物及其产品和其他检疫物另有规定的，按相关规定办理。

参考文献

◇

［1］白兴月，姜军．植物繁殖材料的概念探讨［J］．植物检疫，2000，14（6）：368-369.

［2］吕厚远．中国史前农业起源演化研究新方法与新进展［J］．中国科学：地球科学，2018，48（2）：181-199.

［3］任式楠．中国史前农业的发生与发展［J］．学术探索，2005，6：110-123.

［4］刘爽．浅析世界及我国水稻生产状况［J］．新农业，2020，10：14-16.

［5］魏益民．中国小麦的起源、传播及进化［J］．麦类作物学报，2021，41（3）：1-5.

［6］赵广才，常旭虹，王德梅．小麦生产概况及其发展［J］．作物杂志，2018，4：1-7.

［7］冬屏亚．玉米的起源、传播和分布［J］．农业考古，1986，1：271-280.

［8］颜波．全球玉米布局与中国企业走出去［J］．中国粮食经济，2020，4：63-65.

［9］何红中，李鑫鑫．欧亚种葡萄引种中国的若干历史问题探究［J］．中国农史，2017，36（05）：25-35.

［10］刘俊，晁无疾，亓桂梅．蓬勃发展的中国葡萄产业［J］．中外葡萄与葡萄酒，2020，1：1-8.

［11］王力荣，吴金龙．中国果树种质资源研究与新品种选育70年［J］．园艺学报，2021，48（4）：749-758.

［12］孙雷明，方金豹．我国猕猴桃种质资源的保存与研究利用［J］．植物遗传资源学报，2020，21（6）：1483-1493.

［13］罗桂环．从猕猴桃到奇异果［J］．科学与文化，2004，1：20-21.

［14］李崇寒．他们完成了植物的引种，也付出了生命代价暗度陈仓

的"植物猎人"[J]. 国家人文历史，2019，23：20-25.

[15] 衷海燕，黄国胜. 美洲药用植物在华引种模式探析——以古柯为例[J]. 广西民族大学学报（自然科学版），2020，26（3）：10-15.

[16] 廖文波，刘蔚秋，冯虎元. 植物学[M]. 第3版. 北京：高等教育出版社，2020.

[17] 陆树刚. 植物分类学[M]. 第二版. 北京：科学出版社，2019.

[18] 汪劲武. 种子植物分类学[M]. 北京：高等教育出版社，2009.

[19] 英国DK出版社编著. 刘夙，李佳译. DK植物大百科[M]. 北京：北京科学技术出版社，2020.

[20]（美）罗斯·贝顿，（英）西蒙·莫恩著. 刘夙译. 英国皇家园艺学会植物分类指南[M]. 北京：外语教学与研究出版社，2020.

[21]《国际植物检疫措施标准汇编》编委会.《国际植物检疫措施标准汇编》[M]. 北京：中国标准出版社. 2020.

[22] 刘慧，赵守歧，马晨. 美国农业植物种质资源的引进与隔离检疫管理[J]. 中国植保导刊，2020，40（9）：96-98；110.

[23] 孔令斌，印丽萍，吴杏霞，等. 加拿大进口花卉检疫要求[J]. 中国花卉园艺，2011（4）：42-45.

[24] 孙双艳，黄静. 澳大利亚植物检疫机构及相关法律法规[J]. 植物检疫，2018，32（4）：82-84.

[25] 黄静，孙双艳，马菲. 新西兰《生物安全法》及相关法规和要求[J]. 植物检疫，2020，34（4）：81-84.

[26] 栗铁申，王春林，吴立峰，等. 英国植物检疫概况[J]. 植物检疫，2001（5）：315-317.

[27] 何善勇，韩乐琳，黄静. 智利进口花卉检疫要求[J]. 中国花卉园艺，2011（22）：48-49.

[28] KIRK P M，CANNON P F，MINTE D W，et al. Anisworth &bisby's dictionary of the fungi（10th Edition）[M]. UK：CABI Europe，2008.

[29] WEISS F. *Ovulinia*，a new generic segregate from Sclerotinia[J]. Phytopathology，1940，30（3）：236-244.

［30］ BACKHAUS G F. Azalea-flower blight, caused by Ovulinia azaleae Weiss［J］. Acta Horticulturae, 1994, 364（1）：167-168.

［31］ TERRIER C. The spotting of azalea flowers induced by the fungus Ovulinia azaleae Weiss；the presence of this disease in Switzerland［J］. Revue Horticole Suisse, 1950, 23（3）：79-84.

［32］ TAKAO KOBAYSHI. Infestation of petals of ornamental woody plants with Bntrytir cinerea and its role as infeclion sources［J］. Annals of the Phytopathological Society of Japan, 1984, 50：528-534.

［33］ PETERSON J L. Ovulinia petal blight Compendium of Rhododendron and Azalea diseass［C］. St. Paul, Minnesota, USA：APS Press, 1986.

［34］ RAABE R, SCIARONI R. Petal blight disease of azaleas：control of fungus-caused disease of azaleas and closely related plants is essential to prevent its further spread［J］. California Agriculture, 1955, 9（5）：7-14.

［35］ KOBAYSHI T. Infestation of petals of ornamental woody plants with Botrytis cinerea and its role as infection sources［J］. Annals of the Phytopathological Society of Japan, 1984, 50：528-534.

［36］段维军, 段丽君, 李雪莲, 等. 进境日本杜鹃中杜鹃花枯萎病菌的检疫鉴定［J］. 植物病理学报, 2019, 49（3）：289-295.

［37］庄文颖. 中国真菌志（第八卷）：核盘菌科［M］. 北京：科学出版社, 1998.

［38］ CROUS P W, GAMS W, STALPERS J A, et al. MycoBank：an on-line initiative to launch mycology into the 21st century［J］. Studies in Mycology, 2004, 50：19-22.

［39］ HARA K. A sclerotial disease of camellia（Camellia japonica）［J］. Dainppon Sanrin Kaiho, 1919, 436：29-31.

［40］ HANSEN H H, THOMAS H E. Flower blight of camellias［J］. Phytopathology, 1940, 30：166-170.

［41］ STEWART TM, NEILSON H. Flower blight—a new disease of camellias in New Zealand［J］. Camellia Bulletin, 1993, 116：29-33.

［42］严进, 吴品珊. 中国进境植物检疫性有害生物：菌物卷［M］. 北京：中国农业出版社, 2013.

［43］RAABE R D, MCCAIN A H, PAULUS A O. Diseases and pests. // FEATHERS D L, BROWN M H, eds. The camellia. Its History，Culture，Genetics and a look into its Future Development ［M］. Columbia，South Carolina，USA：Southern Californian Camellia Society Inc，1978：279–285.

［44］KOHN L M, NAGASAWA E. A taxonomic reassessment of *Sclerotinia camellip* Hara（= *Ciborinia camellip* Kohn），with observations on flower blight of camellia in Japan ［J］. Transactions of the Mycological Society of Japan，1984，25（2）：149–161.

［45］张建成，张慧丽，郑炜，等. 山茶花腐病菌检疫鉴定方法：SN/T 3427—2012 ［S］. 北京：中国标准出版社，2012.

［46］SARACCHI M, LOCATI D, COLOMBO E M, et al. Updates on *Ciborinia camelliae*，the causal agent of camellia flower blight ［J］. Journal of Plant Pathology，2019，101（2）：215–223.

［47］MCCORKLE K L, KOEHLER A M, LARKIN M, MENDOZA–MORAN A, SHEW H D. Petal Blight of Camellia. Plant Disease Lessons，（2019）［2023–09–18］https：//www. apsnet. org/edcenter/disandpath/fungalasco/pd-lessons/Pages/PetalBlightCamellia. aspx.

［48］Toor R F V . Development of biocontrol methods for camellia flower blight caused by Ciborinia camelliae Kohn ［J］. Lincoln University，2002. DOI：http：//hdl. handle. net/10182/1841.

［49］段维军，段丽君，刘芳，等. 进境茶梅中山茶叶杯菌的检疫鉴定 ［J］. 中国森林病虫，2020，39（6）：1–7.

［50］TOGAWA M, NOMURA A. Dieback of Atemoya caused by *Fusarium decemcellulare* Brick ［J］. Japanese Journal of Phytopathology，1998，64（3）：217–220.

［51］段维军，郭立新，段丽君. 进境日本罗汉松上可可花瘿病菌的截获鉴定 ［J］. 植物病理学报，2014，44（3）：309–312.

［52］SINGH U P, SINGH H B. Occurrence of *Fusarium decemcellulare* on living galls of *Ziziphus mauritiana* in India ［J］. Mycologia，1978，70（5）：1126–1129.

［53］贺艳，赵良娟，段维军，等. 葡萄茎枯病菌检疫鉴定方法.

SN/T 3682—2013. 中华人民共和国国家质量监督检验检疫总局，2013.

［54］段丽君，吕燕，张慧丽，等．基于 DNA 序列分析的葡萄茎枯病菌检疫鉴定［J］．植物检疫，2020，34（4）：22-30.

［55］吴品珊，严进，廖太林，等．中华人民共和国出入境检验检疫行业标准：栎树猝死病菌检疫鉴定方法［S］．北京：中国标准出版社，2008.

［56］段维军．自意大利和波兰进境的多种种苗中检疫出栎树猝死病菌//中国园艺学会 2019 年学术年会暨成立 90 周年纪念大会［C］．郑州，2019.

［57］ITOH Y，OHSHIMA Y，ICHINOHE M. A root-knot nematode，*Meloidogyne mali* n. sp.，on apple-tree from Japan（Tylenchida：Heteroderidae）［J］．Applied Entomology and Zoology，1969，4：194-202.

［58］TOIDA Y. Host plants and morphology of the 2nd-stage larvae of *Meloidogyne mali* from mulberry［J］．Journal Japanese Journal of Nematology，1979，9：20-24.

［59］TOIDA Y. 一种日本根结线虫对桑树的为害［J］．国外农学-蚕业，1993，54：42-44.

［60］张绍升，翁自明．福建省根结线虫的种类鉴定［J］．福建农学院学报，1991，20（2）：158-164.

［61］李淑君，喻璋．河南省植物根结线虫并调查及其病原鉴定［J］．河南农业大学学报，1991，25（2）：169-174.

［62］顾建锋，王江岭，王金成．根结线虫非中国种问题初探［J］．植物检疫，2012，26（3）：58-60.

［63］刘维志．植物线虫学研究技术［M］．沈阳：辽宁科学技术出版社，1995.

［64］王江岭，张建成，顾建锋．单条线虫 DNA 提取方法［J］．植物检疫，2011，25（2）：32-35.

［65］HOLTERMAN M，VAN DER WURFF A，VAN dEN ELSEN S，et al. Phylum-wide analysisof SSUrDNArevealsdeepphylogenetic relationshipsamongnematodesand accelerated evolution toward crown clades［J］．Molecular Biology and Evolution，2006，23：1792-1800.

［66］DE LEY P，FELIX M. A，FRISSE L. M，et al. Molecularandmor-
phological characterizationoftworeproductively isolated species with mirror-image
anatomy（Nema-toda：Cephalobidae）［J］. Nematology，1999，1：591-612.

［67］TIGANO M. S. ，CARNEIRO R. M. D. G. ，JEYAPRAKASH A. ，et
al. Phylogeny of *Meloidogyne* spp. based on 18S rDNA and the intergenic region
of mitochondrial DNAsequences［J］. Nematology，2005，7：851-62.

［68］MARINARI-PALMISANO A. ，AMBROGIONI L. *Meloidogyne ulmi*
sp. n. ，a root-knot nematode from elm［J］. Nematologia Mediterranea，2000，
28：279-293.

［69］CHITWOOD B. G. Root-knot nematodes. Part I. A revision of the
genus *Meloidogyne* Goeldi，1887［J］. Proc. Helminth. Soc，1949，16：
90-104.

［70］SANTOS M. S. de A. *Meloidogyne ardenensis* n. sp. （Nematoda：
Heteroderidae），a new British species of root-knot nematode［J］.
Nematologica，1968，13：593-598.

［71］PERRY R N，MOENS M. Plant Nematology［M］. Wallingford，
UK：CABI Publishing，2006.

［72］CASTILLO P，VOVLAS N. *Pratylenchus*（Nematoda：Pratylenchi-
dae）：Diagnosis，Biology，Pathogenicity and Management［M］. Leiden，The
Netherlands：Brill Academic Publising，2007.

［73］MIZUKUBO T，SUGIMURA K，UESUGI K. A new species of the
genus *Pratylenchus* from chrysanthemum in Kyushu，western Japan（Nematoda：
Pratylenchidae）　［J］. Japanese Journal of Nematology，2007，37（2）：
63-74.

［74］TROCCOLI A，DE LUCA F，HANDOO Z A，et al. Morphological
and molecular characterization of *Pratylenchuslentis* n. sp. （Nematoda：Praty-
lenchidae）from Sicily［J］. Journal of Nematology，2008，40（3）：
190-196.

［75］MUNERA G E，BERT W，DECRAEMER W. Morphological and
molecular characterisation of *Pratylenchusaraucensis* n. sp. （Pratylenchidae），a
root-lesion nematode associated with *Musa* plants in Colombia［J］. Nematology，

2009，11（6）：799-813.

［76］ DE LUCA F, TROCCOLI A, DUNCAN L W, et al. Characterisation of a population of *Pratylenchus hippeastri* from bromeliads and description of two related new species，*P. floridensis* n. sp. and *P. parafloridensis* n. sp.，from grasses in Florida［J］. Nematology，2010，12（6）：847-868.

［77］ PALOMARES-RIUS J E, CASTILLO P, LIEBANAS G, et al. Description of *Pratylenchushispaniensis* n. sp. from Spain and considerations on the phylogenetic relationship among selected genera in the family Pratylenchidae ［J］. Nematology，2010，12（3）：429-451.

［78］DE LUCA F, TROCCOLI A, DUNCAN L W, et al. *Pratylenc husspeijeri* n. sp.（Nematoda：Pratylenchidae），a new root-lesion nematode pest of plantain in West Africa［J］. Nematology，2012，14（8）：987-1004.

［79］刘修勇. 山东省短体科线虫主要属种的分类研究［D］. 莱阳：莱阳农学院，2006.

［80］顾建锋，王江岭，王金成. 根结线虫非中国种问题初探［J］. 植物检疫，2012，26（3）：58-60.

［81］ MIZUKUBO T, ORUI Y, MINAGAWA N. Morphology and Molecular characteristics of *Pratylenchus japonicus*（Ryss，1988）n. stat.（Nematoda，Pratylenchidae）［J］. ESAKIA，1997，37：203-214.

［82］顾建锋，赵立荣，陈先锋，等. GB/T 24829—2009 毛刺线虫属（传毒种类）检疫鉴定方法［S］. 北京：中国标准出版社，2010.

［83］谢辉. 植物线虫分类学［M］. 第 2 版. 北京：高等教育出版社，2005：30.

［84］王江岭，张建成，顾建锋. 单条线虫 DNA 提取方法［J］. 植物检疫，2011，25（2）：32-35.

［85］ FERRIS V R, FERRIS J M, FAGHIHI J. Variation in spacer ribosomal DNA in some cyst-forming species of plant parasitic nematodes［J］. Fundamental and Applied Nematology，1993，16（2）：177-184.

［86］DE LEY P, FELIX M A, FRISSE L M, et al. Molecular and morphological characterisation of two reproductively isolated species with mirror-image anatomy（Nemtoda：Cephalobidae）［J］. Nematology，1999，1（6）：

591-612.

[87] MINAGAWA N. Description of *Pratylenchus gibbicaudatus* n. sp. and *P. macrostylus* Wu，1971（Tylenchida：Pratylenchidae）from Kyushu［J］. Japanese Journal of Applied Entomology and Zoology，1982，17（3）：418-423.

[88] RYSS A Y. Genus *Pratylenchus* Filipjev：multientry and monoentry keys and diagnostic relationships（Nematoda ：Tylenchida：Pratylenchidae）［J］. Zoosystematica Rossica，2002，10：241-255.

[89] WU L Y. *Pratylenchus macrostylus* n. sp.（Pratylenchidae：Nematoda）［J］. Canadian Journal of Zoology，1971，49：487-489.

[90] LOOF P A A. Taxonomic studies on the genus *Pratylenchus*（Nematoda）［J］. Tijdschrift ober Plantenziekten，1960，66：29-90.

[91] GOTOH A，OHSHIMA Y. *Pratylenchus* species and their geographic distribution in Japan（Nematoda：Tylenchida）［J］. Japanese Journal of Applied Entomology and Zoology，1963，7：187-199.

[92] GOTOH A. Geographic distribution of *Pratylenchus* spp.（Nematoda：Tylenchida）in Japan［J］. Bulletin of the Kyushu Agricultural Experiment Station，1974，17：139-224.

[93] 王江岭，顾建峰，高菲菲，等. 日本苗木中山茶根结线虫的鉴定［J］. 植物检疫，2013，27（3）：70-74.

[94] 高菲菲，顾建锋，王江岭，等. 进境意大利苗木中里夫丝剑线虫的鉴定［J］. 南京农业大学学报，2013，36（4）：55-60.

[95] DALMASSO A. Etude anatomique et taxonomiquedes genres *Xiphinema*，*Longidorus* et *Paralongidorus*（Nematoda：Dorylaimidae）［J］. Memoires du Museum National d'Historie Naturelle，Paris，Serie A（Zoologie），1969，61：33-82.

[96] 张卫东，郑经武，廖力，等. GB/T 28091—2011 剑线虫属（传毒种类）检疫鉴定方法［S］. 北京：中国标准出版社，2012.

[97] 王江岭，张建成，顾建锋. 单条线虫 DNA 提取方法［J］. 植物检疫，2011，25（2）：32-35.

[98] LAMBERTI F，HOCKLAND S，AGOSTINELLI A，et al. The *Xi-*

参考文献

phinema americaum group. Ⅲ. Keys to species identification［J］. Nematol Medit, 2004, 32: 53-56.

［99］HOCKLAND. S, PRIOR. T. *Xiphinema americanum* sensu lato ［J］. Eppo Bulletin, 2010, 39 (3): 382-392.

［100］LAMBERTI F, BLEVE-ZACHEO T. Studies on *Xiphinema america-numsensu lato* with descriptions of fifteen new species ［J］. Nematology medit, 1979, 7: 51-106.

［101］WOJTOWICZ M R, GOLDEN A M, FORER L B, et al. Morphological comparisons between *Xiphinema rivesi* Dalmasso and *X. americanum* Cobb populations from the eastern United States ［J］. Journal of Nematology, 1982, 14 (4): 511-516.

［102］UREK G, SIRCA S, KARSSEN G. Morphometrics of *Xiphinema rivesi* Dalmasso, 1969 (Nematoda: Dorylaimida) from Slovenia ［J］. Russian Journal of Nematology, 2005, 13 (1): 13-17.

［103］LAMBERTI F, MOLINARI S, MOENS M, et al. The *Xiphinema americanum* group. 1. Putative species, their geographical occurrence and distribution, and region polytomous identification keys for the group ［J］. Russian Journal of Nematology, 2000, 8 (1): 65-84.

［104］武扬. 中国剑线虫属主要种群的形态学与分子分类研究 ［D］. 杭州: 浙江大学, 2007.

［105］ALKEMADE J R M, LOOF P A A. The genus *Xiphinema* Cobb, 1913 (Nematoda: Longidoridae) in Peru ［J］. Revue Nematol, 1990, 13 (3): 339-348.

［106］沈培垠, 顾忠盈, 李红梅, 等. 进口盆景截获克鲁克剑线虫 ［J］. 植物检疫, 1999, 13 (2): 69-73.

［107］FESSEHAIE A, DE BOER S H, LEVESQUE C A. Molecular characterization of DNA encoding 16S—23S rDNA intergenic spacer regions and 16S rDNA of pectoltic Erwinia species ［J］. Canadian Journal of Microbiology, 2002, 48: 378-398.

［108］SAWIAK M, OJKOWSKA E, WOLF J M V D. First report of bacterial soft rot on potato caused by Dickeya sp. (syn. Erwinia chrysanthemi) in

Poland ［J］. Plant Pathology, 2010, 58 (4): 794-794.

［109］ TOTH I K, VAN DERWOLF, JM, SADDLER G, et al. Dickeya species: an emerging problem for potato production in Europe ［J］. Plant Pathol, 2011, 60, 385-399.

［110］ TSROR （LAHKIM） L. , ERLICH, O. , LEBIUSH, S. , et al. Assessment of recent outbreaks of Dickeya sp. （syn. Erwinia chrysanthemi） slow wilt in potato crops in Israel ［J］. Eur. J. Plant Pathol, 2009, 123: 311-320.

［111］ PARKINSON N, STEAD D, BEW J, et al. Dickeya species relatedness and clade structure determined by comparison of recA sequences ［J］. International Journal of Systematic and Evolutionary Microbiology 2009, 59: 2388-2393.

［112］ Plant Quarantine/Produce Inspection Branch, Ministry of Agriculture & Fisheries Jamaica import risk analysis : 'Dickeya solani' 2010.

［113］ VAN DER WOLF JM, NIJHUIS EH, KOWALEWSKA MJ, et al. Dickeya solani sp. nov. , a pectinolytic plant pathogenic bacterium isolated from potato （Solanum tuberosum） ［J］. Int J Syst Evol Microbiol, 2013 , 13.

［114］ VAN DER WOLF JM, NIJHUIS EH, KOWALEWSKA MJ, et al. Dickeya solani sp. nov. , a pectinolytic plant-pathogenic bacterium isolated from potato （Solanum tuberosum） ［J］. International Journal of Systematic and Evolutionary Microbiology, 2014; 64: 768-774.

［115］ VAN VAERENBERGH J, BAEYEN S, DE VOS P, et al. Sequence diversity in the Dickeya fliC gene: Phylogeny of the Dickeya genus and TaqMan PCR for 'D. solani', new biovar 3 variant on potato in Europe ［J］. PLoS ONE, 2012, 7 (5): e35738.

［116］ SARRIS P. F. , TRANTAS E. , PAGOULATOU M. , et al. First report of potato blackleg caused by biovar 3 Dickeya sp. （Pectobacterium chrysanthemi） in Greece ［J］. New Disease Reports, 2011, 24: 21.

［117］ SŁAWIAK M, JOSE R. C. M. , VAN BECKHOVEN, et al. Biochemical and genetical analysis reveal a new clade of biovar 3 Dickeya spp. strains isolated from potato in Europe ［J］. Eur J Plant Pathol, 2009,

125：245-261.

［118］The Science and Advice for Scottish Agriculture（SASA）-，A new threat to potato-，Dickeya solani，http：//www. scotland. gov. uk/Resource/Doc/278281/0090908. pdf，January 21，2010.

［119］MałGORZATA WALERON，KRZYSZTOF WALERON，ANNA J. PODHAJSKA，et al. Genotyping of bacteria belonging to the former *Erwinia* genus by PCR-RFLP analysis of a recA gene fragment［J］. Microbiology，2002，148：583-595.

［120］MAYFIELD M H. A systematic treatment of *Euphorbia* subgenus *Poinsettia*（Euphorbiaceae）［D］. Austin：University of Texas，1997.

［121］中国科学院中国植物志编辑委员会. 中国植物志［M］. 北京：科学出版社，1997，44（3）：63-69.

［122］ALEX J F. Ontario weeds［M］. Toronto：Ontario Ministry of Agriculture food and Rural affairs，1998：132.

［123］BARINA Z，SHEVERA M，SîRBU C，et al. Current distribution and spreading of *Euphorbia davidii*（*E. dentata* agg.）in Europe［J］. Central European Journal of Biology，2013，8（1）：87-95.

［124］万方浩，刘全儒，谢明，等. 生物入侵：中国外来入侵植物图鉴［M］. 北京：科学出版社，2012.

［125］徐瑛，张建成，陈先锋，等. 白苞猩猩草鉴定及其检疫意义［J］. 植物检疫，2006，20（4）：223-225.

［126］STEINMANN V W，FELGER R S. The Euphorbiaceae of Sonora，Mexico［J］. Aliso，1997，16：1-71.

［127］HUFT M J. A review of *Euphorbia*（Euphhorbiaceae）from Baja California［J］. Ann. Missouri Bot. Gard，1984，71：1021-1027.

［128］BRECKE B J. Wild Poinsettia（*Euphorbia heterophylla*）germination and emergence［J］. Weed Science，1995，43（1）：103-106.

［129］CHARLES G. David's spurge：A new cotton weed［J］. The Australian Cottongrower，2001，22（5）：10-12.

［130］DEREK B. The genus *Poinsettia*（Euphorbiaceae）in Florida［J］. Ann. Missouri Bot. Gard. ，1966，53（3）：375-376.

［131］DRESSLER R L. A synopsis of *Poinsettia*（Euphorbiaceae）［J］．Ann. Missouri Bot. Gard. , 1961, 48（4）：329–341.

［132］SUBILS R. Las especies de Euphorbia de la Republica Argentina ［J］．Kurtziana, 1977, 10：83–248.

［133］SUBILS R. Tres nuevas especies de *Euphorbia* L. ［J］．Kurtziana, 1971, 6：233–240.

［134］SUBILS R. Una nueva especie de *Euphorbia* sect. *Poinsettia*（Euphorbiaceae）［J］．Kurtziana, 1984, 17：125–130.

［135］WHALEN, M. D. Taxonomy of *Solanum* section Androceras ［J］．Gentes Herb. , 1979, 11：397.

［136］NEE, M. Synopsis of *Solanum* in the New World ［J］．Solanaceae IV：advances in biology and utilization.（Solan IV）, 1999, 319.

［137］WHALEN, M. D. Conspectus of species groups in *Solanum* section Leptostemonum ［J］．Gentes Herb, 1984, 12：253.

［138］SYMON, D. E. A revision of the genus *Solanum* in Australia ［J］．J. Adelaide Bot. Gard. , 1981, 4：1–367.

［139］BEASSETT I J, MUNRO D B. The biology of Canadian weeds. 78. *Solanum carolinense* L. and *Solanum rostratum* Dunal ［J］．Canadian Journal of Plant Science, 1986, 66：977–991.

［140］林玉, 谭敦炎．一种潜在的外来入侵植物：黄花刺茄 ［J］．植物分类学报, 2007, 45（5）：675–685.

［141］高芳, 徐驰．潜在危险性外来物种——刺萼龙葵 ［J］．生物学通报, 2005, 40（9）：11–12.

［142］赵晓英, 马晓东, 徐郑伟．外来植物刺萼龙葵及其在乌鲁木齐出现的生态学意义 ［J］．地球科学进展, 2007, 22（2）：167–170.

［143］李书心．辽宁植物志（下册）［M］．沈阳：辽宁科学技术出版社, 1988.

［144］关广清, 张玉茹, 孙国友, 等．杂草种子图鉴 ［M］．北京：科学出版社, 2000：198.

［145］郭琼霞．杂草种子彩色鉴定图鉴 ［M］．北京：中国农业出版社, 1998：142.

［146］车晋滇. 北京市外来杂草调查及其防除对策［J］. 杂草科学，2004，2：9-12.

［147］芦站根，周文杰，时丽冉，等. 3 种外来植物入侵的风险性评估研究及防治对策［J］. 安徽农业科学，2007，35（12）：3587-3611.

［148］刘全儒，车晋滇，贯潞生，等. 北京及河北植物新记录（Ⅲ）［J］. 北京师范大学学报（自然科学版），2005，41（5）：510-512.

［149］车晋滇，刘全儒，胡彬. 外来入侵杂草刺萼龙葵［J］. 杂草科学，2006，3：58-60.

［150］STERN S R，BOHS L. New species and combinations in *Solanum* section Androceras（Solanaceae）［J］. J. Bot. Res. Inst. Texas，2014，8（1）：1-7.

［151］印丽萍，薛华杰，易建平，等. 刺亦模检疫鉴定方法. SN/T 4342—2015. 北京：中国标准出版社，2015.

［152］GILBEY D J. Emex species in Australia with particular reference to Western Australia［J］. Journal of the Australian Institute of Agricultural Science，1974，40（2）：114-120.

［153］WEISS PW. Germination reproduction and interference in the amphicarpic annual *Emex spinosa*（L.）Campd［J］. Oecologia，1980，45（2）：244-251.

［154］WILDING J L，BARNETT AG，AMOR R L. Crop weeds［M］. Melbourne，Australia：Inkata Press，1993.

［155］ZOHARY M. Flora Palaestina［M］. Part One. Jerusalem，Israel：The Israel Academy of Sciences and Humanities，1966：186.

［156］BOWRAN D. Legal and economic constraints on Emex［J］. Plant Protection Quarterly，1996，11（4）：155.

［157］Flora of North America Editorial Committee. Flora of North America［M］. Oxford University Press，2006：27-28.

［158］PARSONS W T，CUTHBERTSON E G. Noxious weeds of Australia［M］. 2nd edition. CSIRO publishing，2001：287-289.

［159］DITOMASO J M，HEALY E A. Weeds of California and Other Western States［D］. University of California agriculture and natural resources publication，2007：357-359.

［160］中国科学院中国植物志编辑委员会．中国植物志第78卷第1册
［M］．北京：科学技术出版社，1987：163.

［161］新疆植物志编辑委员会．新疆植物志第5卷［M］．乌鲁木齐：
新疆科技卫生出版社，1999：307-309.

［162］印丽萍，颜玉树．杂草种子图鉴［M］．北京：农业科技出版
社，1996：217.

［163］Flora of North America Editorial Committee. Flora of North Ameri-
ca. New York：Oxford University Press，1982，19：170，172. http：//
www. efloras. org/florataxon. aspx？ flora_ id＝1&taxon_ id＝200023016.

［164］WATSON AK. The biology of Canadian weeds：43. Acroptilon（Cen-
taurea）repens（L.）DC［J］. Canadian Journal of Plant Science，1980：60.

［165］OCHSMANN，J. On the taxonomy of spotted knapweed（*Centaurea
stoebe* L.）. In：Smith，L.（ed.）：Proceedings of the First International Knap-
weed Symposium of the Twenty-First Century，March 15－16，2001，Coeur
d'Alene，Idaho. USDA-ARS，Albany，California，2001：33-41.

［166］SHELEY .L.，J. S. JACOBS，M. F. CARPINELLI. Distribution，
biology，and management of diffuse knapweed（Centaurea diffusa）and spotted
knapweed（Centaurea maculosa）　［J］. Weed Technology，1998，12：
353-362.

［167］HILPOLD A，GARCIA-JACAS N，VILATERSANA R，et al，
Taxonomical and nomenclatural notes on Centaurea：A proposal of classification，
a description of new sections and subsections，and a species list of the redefined
section Centaurea［J］. Collectanea Botanica 33：e001，enero-diciembre，
2014：1-29.

［168］汪劲武．种子植物分类学［M］．北京：高等教育出版
社，2009.

［169］李桂芬，魏梅生，张永江，等．李属坏死环斑病毒检疫鉴定方
法．SN/T 1618—2017. 中华人民共和国国家质量监督检验检疫总
局，2017.